了不起的碗汤

的

LIAOBUQI DE YIWANTANG

石娜 —— 主编

民主与建设出版社
·北京·

© 民主与建设出版社，2024

图书在版编目（CIP）数据

了不起的一碗汤 / 石娜主编 . -- 北京：民主与建
设出版社，2025. 1. -- ISBN 978-7-5139-4733-6

Ⅰ. TS972.122

中国国家版本馆 CIP 数据核字第 2024KH8135 号

了不起的一碗汤

LIAOBUQI DE YIWANTANG

主 编	石 娜	
责任编辑	刘树民	
封面设计	天之赋设计工作室	
出版发行	民主与建设出版社有限责任公司	
电 话	（010）59417749　59419778	
社 址	北京市朝阳区宏泰东街远洋万和南区伍号公馆 4 层	
邮 编	100102	
印 刷	三河市天润建兴印务有限公司	
版 次	2025 年 1 月第 1 版	
印 次	2025 年 1 月第 1 次印刷	
开 本	710 毫米 ×1000 毫米　1/16	
印 张	11	
字 数	126 千字	
书 号	ISBN 978-7-5139-4733-6	
定 价	52.00 元	

注：如有印、装质量问题，请与出版社联系。

目　录

Part 3　不可抵挡的浓香味——畜肉汤

Part 4　色香味全原生态
——禽蛋汤

Part 5　鲜香美味好舒畅
　　　　　　　——水产汤

Part **1**

营养美味，
滋补汤羹

喝汤已经成为一种习惯和文化，每天饭桌上备一道靓汤，营养美味，全家健康。

汤中的营养与所用食材有关，如使用排骨、鲫鱼、山药、香菇等，食物中的油脂、维生素、矿物质、蛋白质也会相应溶入汤中，在一定程度上可补充营养元素。

新手煲汤有技巧

◎ 汤品是家常菜肴中必不可缺的一道菜，如何煲汤才能使汤美味又富营养，是每个煲汤新手需要学习的必修课。

制作蔬菜汤的方法

①蔬菜味道比较清淡，煮汤可以用上汤（用鸡骨或猪骨熬制的汤）来煮。

②蔬菜水分多、富含纤维质、易熟，所以煮蔬菜汤的时间不需要太久，几分钟即可。

③快出锅时加盐调味就可以了。

制作猪骨汤的方法

①清水烧开，把洗净的猪骨入锅焯水，将血沫和污物捞出。

②将处理干净的猪骨与煲汤用的多种配料（如山药、胡萝卜、玉米等）依次放入汤煲中，慢火煲2小时。

③放配料的时间与配料的易熟度有关，如胡萝卜、苦瓜等可后放。

④调味料只需加入盐即可。

制作老鸡汤的方法

①老母鸡洗净，斩成大块放入锅中，加足量清水用大火烧开，焯至鸡肉变色后捞出，用清水洗去血沫。

②将鸡肉放入冷水锅中，用大火煮沸后转成小火再炖2小时，使鸡肉

中的蛋白质、脂肪等营养物质充分溶于汤中即可。

制作鱼汤的方法

①先将鲜鱼去鳞、除内脏，清洗干净后放到开水中烫三四分钟捞出来，然后放进烧开的汤里，再加适量的葱、姜、盐，改用小火慢煮，待出鲜味时离火即可。

②将洗净的鲜鱼放入油锅中煎至两面微黄，然后冲入开水，并加葱、姜，先用旺火烧开，再用小火煮熟即可。

③锅中放油，用葱段、姜片炝锅，冲入开水用旺火煮沸后，放进鱼；用旺火再次烧开后，改小火煮熟即可。

制作甜汤的方法

①甜汤一般由干货制成，所以清洗后应先泡发并处理干净。

②汤料全是干货时，需要煮20分钟以上；如果是新鲜蔬果，煮几分钟即可。

③汤料煮好后加入冰糖，搅拌至冰糖溶化即可出锅。

煲汤，四季所选食材应不同

◎汤品极具滋补作用。汤品制作中所选的材料应为天然绿色的佳品，营养价值自然高。

春季万物萌生，人的阳气也得以升发。春季生发之气是夏长之气的基础，是一年健康的开始，所以在饮食上可以吃一些温补阳气的食物，如桂圆、大枣、莲子、红糖、小米、山药、茯苓、薏仁等。而南方地区正是雨量增多、空气潮湿的时候，这时需要加强对脾胃的养护，可多吃芡实、大枣、山药、胡萝卜、莲子等食物，防止脾胃虚弱；同时多吃利湿的食物，如薏米、红豆、冬瓜等。

夏季是一年中阳气最旺盛的季节，人体新陈代谢也随之旺盛，此时应多吃有酸味的食物以固表，多吃有咸味的食物以补心。此外，西瓜、绿豆、金银花、菊花、乌梅等制作的各式甜汤都是解渴消暑的佳品。

秋季天气炎热不下，而且空气逐渐干燥，应选择润燥止渴、养阴清热、清心安神的食物，如莲子、百合、蜂蜜、山药等。

冬季是进补的最佳季节，可以多食用核桃、桂圆、生姜等温补佳品，应该少食咸、多食苦，以达到助心阳、藏热量的目的。食材可以选择萝卜、板栗、核桃、白薯等热量较高的，但是忌食黏硬、生冷的食物。

主料和配料搭配的小秘诀

◎制作一道营养美味的汤品并没有想象中那么难，学会以下四个小秘诀就可以了。

主料和调味料的搭配

常用的花椒、生姜、胡椒、葱等调味料都有去腥增香的作用，是煲汤中少不了的。但调料多了容易产生太多的浮沫，这就需要大家在做汤的后期耐心地将浮沫打掉。

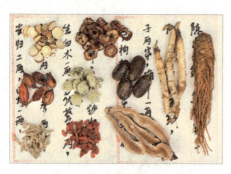

优质合适的配料

一般来说，根据所处季节的不同，加入时令蔬菜作为配料，比如炖酥肉汤的话，春夏季就加入菜头做配料，秋冬季就加白萝卜。

原料冷水下锅

煲汤的原料一般都是整只或整块的动物性原料，如果投入沸水中，原料表层细胞骤受高温易凝固，会影响原料内部蛋白质等物质的溢出，成汤的鲜味便会不足。

注意加水比例

在煲牛骨、猪骨汤时，可把骨头砸碎，按1：5的比例加水小火慢熬。切忌用大火猛烧，也不要中途加冷水，因为那样会使肉内蛋白质凝固，有损于汤的美味。

Part 2

回归自然的纯鲜
——蔬菜汤

　　蔬菜汤多是采用日常生活中常见的时令蔬菜，种类繁多，营养不一，其各类营养素容易被人体吸收。

　　蔬菜汤能促进体内脂肪的燃烧，从而减少脂肪在体内的堆积，达到减肥的作用。此外，蔬菜汤的热量非常低，可以增加饱腹感，有助于控制饮食。

▶ 玉米菌菇菠菜汤

● 材料

鲜香菇45克，玉米棒180克，金针菇100克，菠菜120克，姜片少许

● 调料

盐3克，鸡粉2克，食用油适量

● 做法

01. 香菇洗净，去蒂切小块；金针菇洗净，切去根部；玉米棒洗净，切小块；菠菜洗净，切长段。

02. 砂锅中注水烧开，放入玉米块，下入香菇、姜片。

03. 加盖，烧开后转小火再煮15分钟至食材熟软。

04. 淋入适量食用油，加入盐、鸡粉调味。

05. 放入金针菇，煮沸后放入菠菜，拌匀煮至熟软即成。

营养分析 菠菜含有一种类胰岛素物质，它能够帮助人体有效控制血糖。因此，糖尿病患者常吃菠菜有利于保持血糖稳定。

▶ 马蹄莲子冰糖羹

● 材料

莲子50克，马蹄45克

● 调料

冰糖、水淀粉各适量

● 做法

01. 把洗净去皮的马蹄切开，再改切成小块，待用。

02. 锅中倒入约800毫升清水烧热，放入洗净的莲子。

03. 盖上锅盖，用大火煮沸后转小火续煮约30分钟。

04. 开盖，倒入马蹄，煮片刻；再放入冰糖，拌匀。

05. 盖上锅盖，用小火续煮约5分钟至冰糖溶化。

06. 揭盖，倒入少许水淀粉，拌匀。

07. 煮好的汤羹盛入碗中即成。

营养分析〉马蹄肉质洁白，味甜多汁，含有蛋白质、糖类以及多种维生素、磷、铁等营养物质，具有清热解毒、凉血生津、消食除胀的作用。

▶ 青豆干贝汤

● 材料

豆腐300克，鲜香菇40克，青豆100克，彩椒65克，火腿30克，干贝35克，葱花少许

● 调料

盐、鸡粉各2克，黑芝麻油3毫升，米酒5毫升，食用油适量

● 做法

01. 食材均洗净，香菇切粗丝，彩椒切小块，火腿切细丝，豆腐划开切成小方块。

02. 用油起锅，放入洗净的干贝，撒上火腿丝、香菇丝，淋入少许米酒，快速翻炒几下。

03. 倒入青豆、彩椒，翻炒至青豆色泽翠绿；再注入清水，盖上锅盖，烧开后用小火续煮约2分钟至食材熟软。

04. 揭开盖，倒入豆腐块，加入盐、鸡粉，用中火续煮至食材熟透，淋上少许黑芝麻油，拌煮入味。

05. 盛出豆腐汤，撒上葱花即成。

> **营养分析** 豆腐含有铁、钙、磷、镁和其他人体必需的多种微量元素，还含有糖类和丰富的优质蛋白。产妇食用豆腐，有补血、补充身体所需营养物质的作用。

▶ 竹笋豆腐羹

材料

芥菜100克，竹笋80克，豆腐180克，姜末少许

调料

盐6克，鸡粉2克，料酒4毫升，芝麻油2毫升，水淀粉10毫升，食用油适量

做法

01. 将洗净的竹笋、芥菜、豆腐均切成粒。
02. 锅中注水烧开，撒上少许盐，放入竹笋、豆腐，用大火煮约1分钟，捞出，沥干水分。
03. 用油起锅，倒入少许姜末，爆香；倒入芥菜，翻炒匀；淋入少许料酒，炒匀。注入适量清水，用大火煮沸，放入适量盐、鸡粉调味。
04. 倒入竹笋和豆腐，续煮至沸；倒入少许水淀粉，淋入少许芝麻油，拌匀。
05. 关火，盛出煮好的汤羹即成。

> **营养分析**〉芥菜含有维生素A、B族维生素和维生素D等营养成分，有提神醒脑的作用。

冬瓜黄瓜汤

● 材料

冬瓜250克，黄瓜150克，姜片、葱花各少许

● 调料

盐、鸡粉各2克，料酒5毫升，芝麻油、胡椒粉、食用油各少许

● 做法

01.洗净的冬瓜去皮去瓤，再切成片；洗净的黄瓜去皮，切成小块。

02.锅中倒入适量食用油烧热，放入姜片，爆香；倒入冬瓜、黄瓜，翻炒香。

03.淋入少许料酒，再注入约300毫升清水，加入鸡粉、盐，用大火煮沸。

04.盖上盖，用小火续煮约5分钟至食材熟透。

05.取下锅盖，撒上葱花，淋入少许芝麻油，撒上胡椒粉，搅拌匀。再将煮好的汤盛入汤碗中即成。

> **营养分析**〉冬瓜含有蛋白质、维生素、钙、铁、镁、磷、钾等营养物质，具有润肺生津、化痰止咳、利尿消肿、清热祛暑的作用。冬瓜的膳食纤维含量也很高，能刺激肠道蠕动，加速排出肠道里积存的有害物质。

▶ 三鲜豆腐汤

❋ 材料

豆腐200克，油菜100克，胡萝卜60克，香菇30克，水发虾米30克，葱花少许

❋ 调料

盐3克，鸡粉2克，胡椒粉、芝麻油、料酒、食用油各适量

❋ 做法

01. 豆腐切方块，香菇去蒂切成丝，胡萝卜切薄片，油菜对半切开。

02. 锅中加水烧开，放入盐、豆腐，煮约1分钟去除酸味，捞出。

03. 用油起锅，放入虾米、香菇炒匀，倒入料酒、适量清水、胡萝卜、豆腐块，加入盐、鸡粉，拌匀调味。

04. 盖上锅盖，用大火煮约2分钟至沸。

05. 取下盖子，放入油菜，撒上胡椒粉，淋入芝麻油，拌匀，略煮片刻。

06. 盛出豆腐汤，撒上少许葱花即成。

> **营养分析** 〉胡萝卜含有胡萝卜素、糖分、钙等营养物质，还含有植物纤维，吸水性强，可加强肠道蠕动，有促进消化的作用。

文思豆腐

材料

水豆腐350克，胡萝卜35克，水发紫菜100克，瘦肉85克，冬笋20克，香菜、香菇各少许

调料

盐、鸡粉、水淀粉、芝麻油、食用油各适量

做法

01. 洗净的瘦肉、胡萝卜、冬笋、香菇、水豆腐均切丝，洗净的香菜切末。

02. 锅中加适量清水，加盐、鸡粉、食用油煮沸，制成汤汁，再分别舀入紫菜和豆腐丝中，浸泡片刻至入味。

03. 锅中另加水烧开，放入冬笋丝、胡萝卜丝、香菇丝，加盐拌匀，略煮片刻，捞出。

04. 热锅注油，倒入适量清水煮沸，加鸡粉、盐调味，放入胡萝卜丝、香菇丝，煮沸后倒入瘦肉、紫菜，拌匀煮沸，用水淀粉勾芡，倒入豆腐煮片刻。

05. 撒上香菜，淋入少许芝麻油即成。

营养分析〉 水豆腐含有铁、钙、磷、镁等人体必需的多种营养元素，还含有糖类和丰富的优质蛋白，食之可补血益气、清热润燥、生津止渴、清洁肠胃。

▶ 苋菜豆腐汤

● 材料

苋菜150克，嫩豆腐200克，姜片、葱花各少许

● 调料

盐3克，鸡粉2克，食用油适量

● 做法

01. 把洗净的豆腐切成小方块。
02. 锅中注水烧开，加少许盐，放入豆腐块，煮约半分钟，捞出。
03. 锅中倒入适量食用油烧热，放入姜片，爆香；放入洗好的苋菜，拌炒至熟软。
04. 锅中倒入约500毫升清水，盖上盖，用大火煮至沸腾。
05. 放入豆腐，加入适量盐、鸡粉，拌煮至沸。
06. 将汤盛入碗中，撒上少许葱花即可。

> **营养分析** 苋菜含有丰富的铁、钙和维生素K，具有开胃消食、减肥轻身、促进排毒、预防便秘的作用。

▶ 芥菜香菇汤

⬤ 材料

鲜香菇65克，芥菜300克

⬤ 调料

盐3克，鸡粉2克，芝麻油、食用油各适量

⬤ 做法

01. 将洗净的芥菜切成段。

02. 将洗好的香菇切成小块。

03. 锅中加入少许食用油烧热，倒入芥菜、香菇，翻炒匀。

04. 锅中注入适量清水，盖上盖，用大火煮至沸腾。

05. 揭盖，加入适量盐、鸡粉、芝麻油，拌匀调味。

06. 将煮好的汤盛入碗中即成。

营养分析 香菇是一种高蛋白、低脂肪的健康食品，富含多种氨基酸，活性高、易吸收。香菇还含有多种酶，有抑制血液中胆固醇升高和降低血压的作用。

▶ 玉米油菜汤

● 材料

胡萝卜200克，玉米棒150克，油菜100克，姜片少许

● 调料

盐、鸡粉各3克，食用油少许

● 做法

01. 全部食材洗净，油菜切开，修整齐；玉米棒切去根部，切成段；胡萝卜去皮，切滚刀块。

02. 锅中注水烧开，放入少许食用油，倒入油菜，焯煮至熟，捞出沥干水分。

03. 另起锅注水煮沸，倒入玉米、胡萝卜煮半分钟，撒上姜片，煮沸。

04. 将锅中汤料倒入砂煲中，加盖，煮沸后改中小火煮约20分钟至食材熟透。

05. 加入盐、鸡粉拌匀，煮好的汤料装碗，用油菜围边即可。

> **营养分析** 〉玉米含有蛋白质、脂肪、胡萝卜素、核黄素、维生素等营养物质，对预防心脏病等疾病有益处。此外，玉米胚尖所含的营养物质，还有增强人体新陈代谢、调节神经系统的功能。

▶ 西红柿汤

🍴 材料

菠菜200克，西红柿100克，姜片少许

🍴 调料

盐、鸡粉、食用油各适量

🍴 做法

01. 将洗净的西红柿切块，再将洗净的菠菜切成段。

02. 锅中加入适量清水烧开，加入食用油、盐、鸡粉、姜片。

03. 放入西红柿，拌匀煮沸。

04. 倒入菠菜，煮约2分钟至熟透。

05. 将煮好的汤料盛入碗中即成。

营养分析 〉 西红柿含有苹果酸和柠檬酸等有机酸，既有保护所含维生素C不被烹调破坏的作用，还有增加胃液酸度、帮助消化、调理肠胃功能的作用。

▶ 葱花南瓜汤

材料

南瓜300克，姜片、蒜末、葱段各少许

做法

01. 将去皮洗净的南瓜切成片，装入碗中备用。

02. 锅中倒入食用油烧热，倒入姜片、蒜末、葱段，爆香；倒入南瓜，拌炒均匀。

03. 锅中倒入适量清水，加入盐、鸡粉，加盖，慢火炖8分钟至食材熟软。

04. 将炖好的南瓜汤盛入汤碗中，撒入少许葱叶即可。

调料

盐3克，鸡粉、食用油各适量

营养分析 南瓜含有丰富的锌，能参与人体内核酸、蛋白质的合成，是肾上腺皮质激素的固有成分，也是人体生长发育所需的重要物质。南瓜还含有多种矿物质，对预防骨质疏松和高血压有一定的帮助。

▶ 竹笋口蘑汤

● 材料

口蘑40克，竹笋150克，油菜100克，姜片少许

● 调料

盐3克，鸡粉、食用油各适量

● 做法

01. 将洗净的油菜切去部分叶子，竹笋切成长段，口蘑切成片。
02. 锅中注水烧开，加盐、食用油，倒入油菜，煮约1分钟捞出；倒入竹笋、口蘑，焯水后捞出。
03. 用油起锅，放入姜片爆香，倒入适量清水煮沸，倒入竹笋和口蘑。
04. 加适量盐、鸡粉，拌匀煮约1分钟。
05. 将煮好的汤盛入碗中，放入油菜即可。

营养分析〉口蘑富含微量元素硒，是良好的补硒食品。其含有的植物纤维，有防止便秘、促进排毒、预防糖尿病及降低胆固醇的作用。

▶ 三菇丝瓜汤

● 材料

金针菇150克，白玉菇60克，丝瓜180克，鲜香菇30克，胡萝卜60克

● 调料

盐、鸡粉各3克，食用油适量

● 做法

01 将所有食材洗净，白玉菇切成段，香菇切成小块，金针菇切去老茎，丝瓜去皮切成片，胡萝卜去皮切成片。

02 锅中注入适量清水烧开，淋入少许食用油，放入胡萝卜、白玉菇、香菇，盖上盖，用大火煮沸后转中火煮2分钟至食材熟软。

03 揭盖，倒入丝瓜、金针菇，煮沸；加入适量盐、鸡粉，拌匀调味。

04 将煮好的汤盛入碗中即可。

> **营养分析** 丝瓜含有黏液蛋白和维生素C等成分，可以加快人体内免疫球蛋白的再生和合成，能提高人体免疫系统的功能，从而增强人体的抗病能力。

海带花菜汤

材料

黄芪7克，水发海带200克，胡萝卜100克，花菜150克

调料

盐3克，鸡粉2克，胡椒粉、食用油各少许

做法

01. 将黄芪、胡萝卜、海带、花菜洗净，分别切成小块。
02. 砂锅中注水烧开，放入黄芪、胡萝卜，煮沸后用小火煮20分钟至熟。
03. 砂锅中下入花菜、海带，用小火煮15分钟至食材熟软。
04. 淋入适量食用油，加入盐、鸡粉，撒入少许胡椒粉，拌匀调味。
05. 把煮好的汤盛入碗中即可。

> **营养分析** 花菜含有丰富的蛋白质、脂肪、碳水化合物、膳食纤维、多种维生素及钙、磷、铁、铜等矿物质元素，能提高人体免疫力。

▶ 玉米土豆汤

材料

土豆200克，玉米棒230克，葱花少许

调料

盐3克，鸡粉2克，食用油适量

做法

01. 将去皮洗净的土豆切厚块，再切成长条，改切成小块。
02. 将洗好的玉米棒切成小块。
03. 砂锅中注入适量清水烧开，放入土豆块、玉米块，盖上盖子，烧开后转成小火煮15分钟至食材熟透。
04. 揭盖，加入适量盐、鸡粉、食用油，搅拌均匀。
05. 把煮好的汤盛入碗中，撒上少许葱花即可。

> **营养分析**〉玉米含有蛋白质、钙、磷、硒、镁、胡萝卜素、维生素E等营养成分，有宁心活血、调理中气等作用，对高血脂、动脉硬化等症状有助益。

▶ 平菇豆腐汤

🔸 材料

豆腐200克，平菇100克，姜片、葱花各少许

🔸 调料

盐3克，鸡粉2克，胡椒粉、料酒、食用油各适量

🔸 做法

01. 把平菇洗净，撕成片；豆腐切成条，再切成小方块。

02. 用油起锅，放入姜片、平菇炒香，淋入料酒炒匀。

03. 注入适量清水，盖上盖，煮约1分钟。

04. 揭盖，加入盐、鸡粉、胡椒粉、豆腐块，拌匀。

05. 用锅勺掠去浮沫，撒上葱花，拌煮至断生，盛出即成。

营养分析〉豆腐是高蛋白、低脂肪的食物，具有降血压、降血脂、降胆固醇的作用，是生熟皆可、老幼皆宜的美食佳品。

▶ 素鸡木耳胡萝卜汤

📇 材料

素鸡75克，胡萝卜80克，白玉菇70克，平菇60克，水发木耳50克

📇 调料

盐、鸡粉各3克，胡椒粉、食用油各适量

📇 做法

01 将洗净的白玉菇切去老茎，切成段；去皮洗好的胡萝卜切段，改切成片；把素鸡切成片；洗净的平菇切成小块；洗好的木耳切成小块。

02 锅中注入适量清水烧开，加入适量食用油、盐、鸡粉，再倒入切好的食材，盖上盖，烧开后用小火煮3分钟至食材熟软。

03 揭盖，加入少许胡椒粉，搅匀。

04 把煮好的汤盛入碗中即成。

营养分析 〉平菇含有蘑菇核糖酸，能抑制病毒的合成和增殖。此外，平菇还含有菌糖、甘露醇糖、激素等，可以改善人体新陈代谢，增强体质。

口蘑木耳菜汤

材料

木耳菜150克，口蘑180克

做法

01. 将洗净的口蘑切成片。

02. 用油起锅，倒入口蘑，翻炒片刻；淋入少许料酒，炒香。

03. 倒入适量清水，盖上盖，烧开后用中火煮2分钟。

04. 揭盖，加入适量盐、鸡粉，放入洗净的木耳菜，拌匀，煮约1分钟至木耳菜熟软。

05. 将煮好的汤盛出，装入碗中即可。

调料

盐、鸡粉各2克，料酒、食用油各适量

营养分析 口蘑属于低热量食物，所富含的植物纤维具有加速肠道运动、促进排毒的作用。

▶ 双菇山药汤

● 材料

平菇60克，鲜香菇30克，山药200克，葱花少许

● 调料

盐3克，鸡粉2克，胡椒粉、芝麻油、食用油各适量

● 做法

01.将洗净的平菇撕成小块；洗好的香菇切去老茎，切成小块；去皮洗净的山药切成斜片。

02.锅中注水烧开，加入食用油、盐、鸡粉、山药、平菇、香菇，拌匀。

03.盖上盖，用大火烧开后转中火煮5分钟至食材熟透。

04.揭盖，放入少许胡椒粉、芝麻油，搅拌均匀。

05.把煮好的汤盛入碗中，再撒入少许葱花即成。

营养分析 〉山药含有淀粉酶，能分解蛋白质和糖，有减肥轻身的作用。山药还富含蛋白质、淀粉等营养成分，能提高人体免疫力。

▶ 草菇青豆汤

材料

青豆130克，草菇100克，葱花少许

调料

盐4克，鸡粉2克，料酒5毫升，食用油少许

做法

01. 将洗净的草菇切去根部，切成小片，浸水待用。

02. 锅中加适量清水烧开，加少许盐，倒入草菇煮约2分钟，捞出沥干水分。

03. 用油起锅，倒入草菇翻炒；淋入料酒，炒匀。

04. 加适量清水，加入盐、鸡粉，倒入洗净的青豆，煮沸后用中火煮约2分钟至入味。

05. 将汤装碗，撒上葱花即成。

> **营养分析** 草菇含有丰富的蛋白质、钙、钾、钠、维生素等营养成分，尤其以膳食纤维的含量较为丰富，有促进消化、提高机体抗病能力的作用。

▶ 丝瓜草菇汤

● 材料

丝瓜200克，草菇100克，葱花少许

● 调料

盐、鸡粉各2克，芝麻油2毫升，料酒5毫升，食用油少许

● 做法

01. 将洗净的草菇切去根部，再切成小块；洗净去皮的丝瓜切长条，改切成小块。

02. 锅中注入适量清水烧开，放入草菇煮约1分钟，捞出，沥干水分。

03. 用油起锅，放入草菇、丝瓜，翻炒几下；淋入料酒，翻炒匀。

04. 锅中倒入适量清水，盖上锅盖，煮沸后用中火煮约1分钟至食材熟软。

05. 取下盖子，加入盐、鸡粉，淋入芝麻油，煮片刻至食材入味。

06. 盛出煮好的汤，再撒上葱花即成。

> 营养分析〉丝瓜是夏季解暑清热的常食蔬菜之一，含有充足的水分，对促进人体内水分的新陈代谢有很好的作用。

▶ 黄瓜腐竹汤

● 材料

水发腐竹200克，黄瓜200克，葱花少许

● 调料

盐3克，鸡粉2克，胡椒粉、食用油各适量

● 做法

01. 将洗净的黄瓜去皮，切条，去籽，再切成小块。

02. 用油起锅，放入黄瓜，翻炒。

03. 倒入适量清水烧开，放入泡发好的腐竹，用小火煮至腐竹熟透。

04. 加入适量盐、鸡粉、胡椒粉，拌匀。

05. 把煮好的汤盛入碗中，撒上葱花即成。

营养分析〉腐竹含有丰富的蛋白质、膳食纤维、碳水化合物等营养物质，有良好的健脑作用。此外，腐竹还能降低血液中的胆固醇含量。

▶ 小白菜油豆腐粉丝汤

● 材料
油豆腐100克，小白菜150克，水发粉丝250克，葱花少许

● 调料
盐3克，鸡粉2克，食用油适量

● 做法
01.将水发好的粉丝切成段，洗净的小白菜切成段。

02.锅中注入清水烧开，倒入油豆腐、盐、鸡粉、食用油。

03.盖上盖，用中火煮约2分钟揭盖，倒入粉丝、小白菜拌匀煮沸。

04.把煮好的汤盛入碗中，再撒上少许葱花即成。

营养分析〉油豆腐富含蛋白质、糖类、铁、钙、磷、镁及膳食纤维等营养元素，有良好的健脑作用，同时还能降低血液中的胆固醇含量。

▶ 豆芽汤

材料

黄豆芽300克，大葱150克，蒜泥少许，高汤400毫升

调料

盐、鸡粉各2克，白糖、番茄汁、料酒、泰式甜辣酱、胡椒粉、食用油各适量

做法

01. 将黄豆芽洗净，捞出沥干水分；洗净的大葱切成段。

02. 用油起锅，倒入大葱，炒香；放入黄豆芽，翻炒至熟软。

03. 淋入少许料酒，炒匀。倒入高汤，放入少许蒜泥，拌匀。

04. 盖上盖，煮沸后续煮约2分钟至食材熟透。

05. 揭盖，倒入适量泰式甜辣酱，拌匀。

06. 加入适量番茄汁、盐、鸡粉、白糖，撒入少许胡椒粉，拌匀煮沸。

07. 将煮好的汤盛入碗中即成。

> **营养分析**〉黄豆芽营养丰富，是蛋白质和维生素的良好来源，其所含的维生素C能营养毛发，使头发保持乌黑光亮，对面部雀斑还有较好的淡化效果。

▶ 虾米丝瓜汤

● 材料

丝瓜150克，豆腐皮200克，胡萝卜100克，虾米20克，上汤350毫升，姜片、葱花各少许

● 调料

盐、鸡粉各3克，食用油适量

● 做法

01. 将洗净的豆腐皮切成丝，洗好去皮的胡萝卜切成片，洗净的丝瓜去皮切成小块。

02. 用油起锅，放入姜片，爆香；放入虾米，翻炒片刻。

03. 倒入上汤和清水，盖上盖，用大火烧开后转小火煮3分钟。

04. 揭盖，放入胡萝卜、豆腐皮、丝瓜，盖上盖，用小火煮3分钟。

05. 揭盖，加入适量盐、鸡粉，拌匀调味。

06. 把煮好的汤盛入碗中，再撒上少许葱花即成。

> **营养分析**〉胡萝卜营养丰富，其含有的植物纤维可加强肠道蠕动，具有促进消化的作用。

▶ 鸡汤煮豆腐皮

◉ 材料

小白菜100克，豆腐皮300克，红椒20克，虾仁50克，鸡汤200毫升

◉ 调料

盐3克，鸡粉2克，味精1克，胡椒粉、水淀粉、食用油各适量

◉ 做法

01. 洗净的小白菜切段；洗净的豆腐皮、红椒均切丝；洗净的虾仁挑去虾线，加入盐、鸡粉、水淀粉，拌匀腌制5分钟。

02. 锅中加水烧开，放入豆腐皮，略煮片刻，捞出。

03. 锅中另加水烧开，倒入鸡汤、食用油，加入盐、味精拌匀，放入豆腐皮，略煮片刻。

04. 放入虾仁，拌煮至颜色变红；倒入小白菜，煮约1分钟至食材熟透。

05. 撒入胡椒粉拌匀，把煮好的食材倒入碗中，放上红椒丝即成。

> **营养分析** 〉豆腐皮含有丰富的蛋白质、氨基酸、维生素以及铁、钙、钼等人体所必需的营养元素，有清热润肺、止咳消痰、养胃、解毒、止汗等作用，可以提高机体的免疫能力。

▶ 杂蔬汤

材料

玉米棒120克，西红柿90克，莴笋80克，胡萝卜80克，洋葱75克，芹菜50克

调料

盐3克，鸡粉2克，食用油适量

做法

01. 将洗净的芹菜切成粒，去皮洗好的洋葱、胡萝卜、莴笋切成粒。
02. 将洗净的西红柿切成粒，洗好的玉米棒切成段。
03. 砂锅中注水烧开，放入玉米、莴笋、胡萝卜、西红柿，淋入少许食用油，盖上盖，用中火煮约2分钟至熟。
04. 揭盖，倒入芹菜、洋葱，拌匀煮沸。
05. 加入盐、鸡粉，拌匀调味即成。

营养分析 莴笋富含膳食纤维、维生素以及钾、钙等矿物质，具有利五脏、通经脉、清热利尿的作用，能调节体内的酸碱平衡。

什锦蔬菜汤

材料

白萝卜350克，西红柿60克，苦瓜40克，黄豆芽30克，葱10克

调料

盐3克，鸡粉2克，食用油少许

做法

01. 将去皮洗净的白萝卜切成片；洗好的苦瓜切开，去除籽，改切成片；洗净的西红柿切成片；洗好的黄豆芽切去根部；葱切成葱花。

02. 取炖盅，加入约1000毫升清水烧开，倒入苦瓜、白萝卜、黄豆芽、西红柿，盖上盖，煮15分钟至食材熟透。

03. 倒入适量食用油，再加入鸡粉、盐调味，加入葱花拌匀。

04. 将煮好的蔬菜汤盛入碗中即成。

营养分析〉白萝卜热量少，纤维素多，吃后易产生饱胀感，因而有助于减肥。

Part 3

不可抵挡的浓香味
——畜肉汤

畜肉汤富含蛋白质、氨基酸、矿物质和维生素等多种营养成分，具有丰富的营养价值。但是要注意，食用畜肉要适量，辅以食用蔬菜、水果、谷物等其他食品，做到饮食均衡。

▶ 豆腐肉丝汤

● 材料

猪肉150克，豆腐100克，油菜30克

● 调料

盐、鸡粉各4克，水淀粉、食用油各少许

● 做法

01.洗净的油菜切成细丝，洗净的豆腐切成丝，洗净的猪肉切成丝。

02.把肉丝放入碗中，加入少许盐、鸡粉、水淀粉拌匀，再倒入少许食用油，腌制10分钟。

03.锅中注水烧开，加入盐、鸡粉、食用油，倒入豆腐丝，拌匀煮沸。

04.放入肉丝，煮沸后倒入油菜，拌煮至食材熟软。

05.将煮好的汤盛入碗中即成。

营养分析 〉猪肉含有丰富的蛋白质、脂肪、钙、磷、铁等成分，具有补虚强身、滋阴润燥、丰肌泽肤的作用，适宜病后体弱、产后血虚、面黄羸弱者食用。

▶ 枸杞香菇瘦肉汤

● 材料

瘦肉200克，水发香菇100克，党参20克，枸杞、姜片各少许

● 调料

盐3克，鸡粉2克，胡椒粉少许，料酒4毫升

● 做法

01. 党参洗净，切成长约2厘米的段；香菇洗净，切小块；瘦肉洗净，切粗条，改切成块，分别入盘待用。

02. 砂煲置于火上，倒入适量清水烧开，放入党参、枸杞，倒入香菇、瘦肉块、姜片，淋入料酒。

03. 盖上盖，煮沸后用小火煮40分钟至食材熟透。

04. 揭盖，加入盐、鸡粉，撒上少许胡椒粉，拌匀调味。

05. 把煮好的肉汤盛出装碗即成。

营养分析 香菇是具有高蛋白、低脂肪、多糖、多种氨基酸和多种维生素的菌类食物，能起到降血压、降胆固醇、降血脂的作用。

▶ 三鲜汤

材料

火腿肠1根，猪肉100克，香菇80克，姜丝10克，高汤500毫升，葱花少许

调料

盐3克，味精、胡椒粉、食用油各适量

做法

01. 将洗净的香菇去蒂，再斜切成片；火腿肠去掉外包装，切成斜片；洗净的猪肉切成片。

02. 炒锅注油烧热，放入姜丝，煸炒出香味。

03. 倒入高汤，加入适量盐、味精调味，大火煮开。

04. 倒入猪肉、香菇、火腿肠，煮约2分钟至材料熟透。

05. 撒入胡椒粉，拌匀入味。

06. 把煮好的汤盛入碗中，撒上葱花即可。

> **营养分析** 火腿肠富含蛋白质、脂肪、碳水化合物、各种矿物质和维生素等营养成分，具有吸收率高、饱腹性强等特点，有助于胃酸的分泌和食物的消化。

▶ 芡实莲子瘦肉汤

● 材料

瘦肉250克，芡实10克，莲子15克，姜片少许

● 调料

盐3克，料酒10毫升，鸡粉适量

● 做法

01. 将泡发好的莲子去除莲子芯，洗净的瘦肉切成块。

02. 锅中注水烧开，倒入瘦肉，加少许料酒，余煮约2分钟去除血水，捞出。

03. 取干净砂锅，将莲子、芡实、姜片、瘦肉放入砂锅中，倒入适量开水。

04. 将砂锅置于火上，淋入少许料酒，盖上盖，大火煮1分钟至沸腾，改小火再炖60分钟。

05. 揭盖，加入盐、鸡粉，拌匀后盛入碗中即成。

营养分析 〉 猪肉含有蛋白质、脂肪、碳水化合物、磷、钙、铁等多种营养物质，有滋养脏腑、滑润肌肤、补中益气、滋阴养胃等作用，对缺铁性贫血有一定帮助。

薏米冬瓜瘦肉汤

● 材料

冬瓜300克，猪瘦肉200克，水发薏米50克，姜片少许

● 调料

盐3克，鸡粉2克，胡椒粉少许

● 做法

01.把洗净的瘦肉切厚片，改切成小块；把去皮洗净的冬瓜切开，去除瓜瓤，切成大块。

02.砂煲中倒入适量清水烧开，下入薏米，撒上姜片，再倒入瘦肉块。

03.盖上盖子，用中小火煮约20分钟至薏米熟裂。

04.开盖倒入冬瓜块，再用中火续煮约20分钟至全部食材熟软。

05.揭开盖，转小火，加入盐、鸡粉、胡椒粉，拌匀调味即成。

> **营养分析** 冬瓜的钾盐含量高，钠盐含量较低，适合高血压、肾脏病、浮肿病等患者食用。此外，冬瓜本身不含脂肪，热量不高，食之可防止人体发胖，帮助健美体形。

▶ 金针菇猪肉汤

● 材料

金针菇、猪肉各100克，芹菜30克，姜片、葱花各少许

● 调料

盐5克，鸡粉2克，胡椒粉少许，水淀粉、食用油各适量

● 做法

01.把洗净的金针菇切去根部，洗净的芹菜切成长约1厘米的段，洗净的猪肉切成薄片。

02.将猪肉片放入碗中，加入少许盐、鸡粉、水淀粉，拌匀入味，再注入少许食用油，腌制10分钟。

03.用油起锅，倒入姜片，爆香；放入金针菇，快速翻炒。

04.锅中注入适量清水，煮约2分钟至食材熟软。

05.加入盐、鸡粉、芹菜段、肉片，拌匀煮沸；撒上胡椒粉、葱花，搅拌入味即成。

营养分析 〉 金针菇富含B族维生素、维生素C、碳水化合物、矿物质、胡萝卜素等营养物质，能提高人体的免疫力。

▶ 雪梨肉汤

● 材料

雪梨300克，猪肉200克，无花果50克

● 调料

盐、鸡粉各少许

● 做法

01.把洗净的雪梨去除果皮，对半切开，再切成瓣，去除果核，改切成小块。

02.将洗净的瘦肉切成小块。

03.砂煲中倒入适量清水烧开，放入瘦肉块、无花果，盖上盖子，煮沸后用小火煲煮约15分钟至无花果裂开。

04.取下盖子，放入雪梨块，转大火煮沸后转小火，续煮约20分钟至全部食材熟透。

05.加入盐、鸡粉，拌匀调味，将煲煮好的汤品盛入汤碗中即可。

营养分析〉 雪梨含有丰富的苹果酸、柠檬酸、维生素、胡萝卜素等营养物质，具有生津润肺、清热化痰之功效，特别适合秋天食用。但是雪梨性寒，一次不宜多吃。

▶ 黄花菜排骨汤

● 材料

排骨500克，腐竹80克，姜片20克，水发黄花菜150克

● 调料

盐3克，鸡粉2克，料酒9毫升

● 做法

01. 把洗净的黄花菜去除花蒂，洗好的腐竹切成段，洗净的排骨斩成块。

02. 锅中注水烧开，放入排骨，加入少许料酒，煮约2分钟，捞出备用。

03. 砂锅中倒入适量清水烧开，下入排骨、黄花菜、姜片，加入料酒。

04. 加盖，小火炖60分钟至排骨熟透。

05. 揭盖，放入腐竹，用小火煮5分钟；加盐、鸡粉，拌匀调味。

06. 把煮好的汤盛入碗中即可。

营养分析》黄花菜富含卵磷脂，可增强和改善大脑功能，对注意力不集中、记忆力减退、脑动脉阻塞等症状有一定的帮助。

▶ 木瓜蜜枣排骨汤

● 材料

木瓜200克，排骨500克，姜片15克，蜜枣30克

● 调料

盐、鸡粉各3克，胡椒粉少许，料酒4毫升

● 做法

01. 洗净的木瓜去皮、去籽，把果肉切长条，改切成丁；洗净的排骨斩成块。

02. 砂锅中注入适量清水，放入排骨，烧开后捞去浮沫。

03. 放入准备好的蜜枣、姜片，淋入适量料酒，再放入木瓜。

04. 烧开后，用小火炖60分钟至食材散发香味。

05. 加入鸡粉、盐、胡椒粉，拌匀调味即成。

> **营养分析** 木瓜含有番木瓜碱、木瓜蛋白酶、胡萝卜素，并富含多种氨基酸，具有护肝降酶、抗炎抑菌、降低血脂的作用。此外，常食木瓜还能美容、护肤、乌发、丰胸、减肥。

海带排骨汤

材料

排骨段450克，泡发海带片250克，姜片25克

调料

盐4克，料酒、味精、胡椒粉、鸡粉各少许

做法

01.锅中加入适量清水烧开，放入排骨，中火煮沸，掠去浮沫，放入姜片。

02.淋入少许料酒，放入海带拌匀，加盖，大火煮沸。

03.将锅中材料移至砂煲内，用中小火炖煮约40分钟。

04.揭盖，加入盐、味精、鸡粉、胡椒粉，拌匀调味。

05.把煮好的汤盛入碗中即成。

> **营养分析** 〉海带富含优质蛋白质和不饱和脂肪酸，对心脏病、糖尿病、高血压有一定的防治作用。

▶ 淮山玉米猪骨汤

● 材料

猪骨300克，玉米棒120克，淮山20克，姜片少许

● 调料

盐3克，鸡粉2克，胡椒粉1克，料酒适量

● 做法

01. 把洗净的玉米棒切成块，猪骨砍成块。

02. 锅中注水烧开，倒入猪骨，煮约1分30秒余去血水，捞出备用。

03. 砂锅注水烧开，下入淮山、玉米、姜片、猪骨，淋入少许料酒，拌匀。

04. 盖上盖，烧开后用小火煮60分钟至食材熟透。

05. 加入盐、鸡粉、胡椒粉，拌匀调味。

06. 将汤料盛入汤碗中即可。

营养分析 〉玉米含有大量的镁，可加强肠壁蠕动，促进机体废物的排泄。

党参猪骨汤

材料

猪骨300克，蜜枣60克，党参30克，姜片
少许

调料

盐3克，鸡粉2克，料酒10毫升，胡椒粉
少许

做法

01. 把洗净的党参切成长约3厘米的段；
洗净的猪骨斩成小件。

02. 砂煲中注入适量清水烧开，倒入猪
骨，再下入党参、姜片、蜜枣，淋入料
酒，拌匀。

03. 盖上盖子，煮沸后转小火，煲煮约60
分钟至食材熟透。

04. 揭开盖，调入盐、鸡粉，拌匀调味。

05. 再撒上少许胡椒粉，搅匀。

06. 盛出煲煮好的汤料即可。

营养分析〉猪骨除含蛋白质、脂肪、维生素外，还含有大量磷酸钙、骨胶原、骨黏蛋
白等，有补脾气、润肠胃、生津液、丰机体、泽皮肤、补中益气、养血健骨的作用。

▶ 西洋参排骨汤

● 材料

排骨400克，油菜20克，西洋参15克，姜片少许

● 调料

盐3克，鸡粉2克，料酒适量

● 做法

01. 把洗净的排骨斩成小件，洗好的油菜对半切开，洗净的西洋参切成段。

02. 锅中注入清水煮沸，倒入排骨段煮约2分钟；掠去浮沫，捞出沥干水分，待用。

03. 砂煲中注入适量清水煮沸，放入西洋参、排骨段、姜片、料酒，拌匀，煮沸后用小火煮约60分钟至食材熟透。

04. 加入盐、鸡粉、油菜，拌煮至熟。

05. 捞出煮熟的油菜，待用；把煮好的汤盛入碗中，把油菜摆放在汤碗中即成。

营养分析〉油菜含有人体所需的矿物质、维生素等成分，可以保持血管弹性，还有抑制溃疡的作用。此外，油菜还富含纤维素，可以有效改善便秘。

▶ 冬瓜猪骨汤

🟠 材料

水发薏米75克，冬瓜220克，猪骨230克，
姜片少许

🟠 调料

盐、鸡粉各3克，料酒5毫升，胡椒粉
少许

🟠 做法

01.把洗净去皮的冬瓜切成厚块，改切成
小块。

02.砂锅中注水烧开，放入薏米、姜片、
洗净的猪骨，加入料酒，拌匀。

03.盖上盖，烧开后转小火煮40分钟至猪
骨熟。

04.揭盖，倒入冬瓜，大火烧开转小火煮
15分钟至食材熟软。

05.放入盐、鸡粉，撒入胡椒粉，搅匀
调味。

06.把煮好的汤盛入碗中即可。

> **营养分析** 薏米含有多种维生素和矿物质，有促进新陈代谢和减少胃肠负担的作用，可作为病中或病后体弱患者的补益食品。

▶ 香菇冬笋猪蹄汤

● 材料

猪蹄300克，冬笋150克，水发香菇10克，姜片少许

● 调料

盐3克，鸡粉2克，胡椒粉4克，白醋10毫升，料酒适量

● 做法

01.把去皮洗净的冬笋切成小块，洗净的猪蹄斩成小件。

02.锅中注水烧开，倒入冬笋块煮约1分钟，捞出；把猪蹄放入沸水锅中，倒入少许白醋，煮约2分钟去除血沫，捞出。

03.砂煲中注水烧开，放入姜片、香菇、猪蹄和冬笋，淋入少许料酒。

04.盖上盖，煮沸后用小火煮60分钟至食材熟软。

05.掠去浮沫，加入盐、鸡粉、胡椒粉，搅匀。

06.把煮好的汤盛入碗中即可。

> **营养分析** 猪蹄富含蛋白质、脂肪、钙、磷、铁以及多种维生素等营养成分，其含有的胶原蛋白质能增强皮肤的弹性和韧性。

芸豆猪脚汤

🔸 材料

猪蹄200克，水发芸豆80克，姜丝、胡萝卜片、葱段各少许

🔸 调料

盐、白糖、鸡粉、料酒、胡椒粉、高汤各适量

🔸 做法

01.锅中注入适量清水烧热，倒入洗净的猪蹄，汆至断生，捞出沥干水分。

02.另起锅，倒入高汤，放入猪蹄、芸豆、姜丝，盖上锅盖，用小火煮约1.5小时。

03.揭开锅盖，用汤勺捞去浮沫，加入盐、白糖、鸡粉，淋入少许料酒调味。

04.再撒上胡椒粉，放入葱段、胡萝卜片，拌匀煮至熟。

05.把煮好的汤盛入碗中即成。

营养分析 〉猪蹄汤具有催乳的作用，对于哺乳期妇女能起到催乳和美容的双重功效。

▶ 节瓜莲子煲猪蹄汤

🔶 材料

节瓜400克，猪蹄300克，水发莲子80克，
水发芡实60克，姜片少许

🔶 调料

盐、鸡粉各2克，胡椒粉3克，料酒适量

🔶 做法

01. 将洗净的节瓜去皮，切掉头尾，切成大块；洗净的猪蹄斩成小件。

02. 锅中注入适量清水，放入猪蹄，用大火煮沸后掠去浮沫，捞出沥干水分。

03. 砂煲注水烧开，放入姜片、莲子、芡实、猪蹄、节瓜，淋入少许料酒，盖上盖，煮沸后用小火煮约60分钟至食材熟软。

04. 揭盖，加入盐、鸡粉、胡椒粉，拌匀调味。

05. 把煮好的汤盛入碗中即可。

营养分析〉 节瓜含有蛋白质、多种维生素、核黄素、胡萝卜素以及磷、钙、铁等矿物质，具有清热、消暑、解毒、利尿、消肿等作用。

西洋参猪尾汤

材料

猪尾250克，姜片10克，西洋参7克，红枣10克

调料

盐3克，鸡粉2克，料酒5毫升

做法

01. 将洗净的猪尾斩成块。

02. 锅中倒入适量清水烧开，倒入猪尾，煮片刻后捞去浮沫，再捞出猪尾沥干水分，备用。

03. 砂锅中注入适量清水烧开，倒入猪尾，加入西洋参、红枣，放入姜片，淋入料酒。

04. 盖上锅盖，烧开后转小火煮60分钟至猪尾熟软。

05. 揭盖，加入适量盐、鸡粉，拌煮片刻至入味。

06. 把煮好的汤盛入汤碗中即可。

> **营养分析** 猪尾含有较多的胶原蛋白，是皮肤组织不可或缺的营养成分，可以改善痘疮所遗留下的疤痕。

▶ 枸杞桂圆猪肘汤

🥄 材料

猪肘300克，红枣40克，桂圆20克，枸杞5克，姜片少许

🥄 调料

盐、鸡粉、胡椒粉、料酒各适量

🥄 做法

01. 将洗净的猪肘切成块。

02. 起油锅，倒入姜片、猪肘块，淋入料酒，翻炒匀。

03. 加入适量清水，用大火煮沸，捞去浮沫。

04. 加入洗净的红枣、枸杞、桂圆，大火烧开，然后将煮好的食材倒入砂锅中。

05. 将砂锅置于火上，用慢火煲40分钟至猪肘熟烂。

06. 加入盐、鸡粉、胡椒粉，拌匀调味即成。

营养分析 〉猪肘富含胶原蛋白，还含有较多的脂肪和碳水化合物，并含有钙、磷、镁、铁以及多种维生素等有益成分。

▶ 猪肝菠菜汤

● 材料

菠菜100克，猪肝70克，高汤适量，姜丝、胡萝卜片各少许

● 调料

盐、鸡粉、白糖、料酒、葱油、味精、水淀粉、胡椒粉各适量

● 做法

01. 猪肝洗净，切片；菠菜洗净，对半切开，焯水备用。

02. 猪肝片加少许料酒、盐、味精、水淀粉拌匀，腌制片刻。

03. 锅中倒入高汤，放入姜丝，加适量盐、鸡粉、白糖、料酒，烧开后倒入猪肝，拌匀煮沸。

04. 倒入菠菜、胡萝卜片，拌煮至熟透。

05. 淋入葱油，撒上胡椒粉，搅匀即可。

营养分析 菠菜含有丰富的维生素 C、胡萝卜素、蛋白质以及铁、钙、磷等矿物质，尤其适宜便秘、贫血者食用。

▶ 枸杞叶猪肝汤

材料

枸杞叶100克，猪肝150克，红枣30克，姜片少许

调料

盐5克，鸡粉4克，胡椒粉3克，料酒5毫升，水淀粉、食用油各少许

做法

01. 把洗净的猪肝切成薄片，枸杞叶洗净。
02. 将猪肝片放入碗中，加入盐、鸡粉、料酒，拌匀入味；倒上少许水淀粉，拌匀上浆，腌制10分钟。
03. 锅中注入适量清水烧开，下入洗净的红枣，再注入少许食用油，撒入姜片，煮约3分钟至红枣变软。
04. 加入盐、鸡粉、胡椒粉，倒入洗净的枸杞叶，拌匀煮沸。
05. 倒入猪肝片，拌匀，用中小火煮至食材熟透。
06. 把煮好的汤盛入碗中即可。

营养分析 〉猪肝含有丰富的铁、磷，其是造血不可缺少的原料；富含蛋白质、卵磷脂和微量元素，可缓解眼科病症。

▶ 淮山猪腰汤

材料

猪腰200克，锁阳6克，淮山片100克，姜片3克

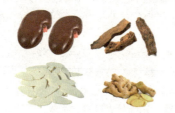

调料

料酒、盐、味精、鸡粉、白醋各适量

做法

01. 将洗净的猪腰切去筋膜，切上网格花刀，改切成片。

02. 锅中加入清水，倒入淮山片、少许白醋，焯煮片刻，捞出；再倒入猪腰，汆煮约2分钟至断生，捞出。

03. 起油锅，倒入姜片爆香，加入清水、淮山片、锁阳、猪腰，再加入料酒、盐、味精、鸡粉，煮沸。

04. 将锅中的所有食材盛入汤盅，放入蒸锅，加盖，小火蒸40分钟至食材熟透即可。

> **营养分析**〉猪腰含有蛋白质、脂肪、碳水化合物、钙、磷、铁、维生素等成分，具有补肾益精、理气、利水的作用。

▶ 黄豆芽腰片汤

● 材料

猪腰150克，黄豆芽100克，葱花、姜片各
少许

● 调料

盐、鸡粉各5克，胡椒粉3克，料酒、水
淀粉、食用油各适量

● 做法

01. 把洗净的猪腰切开，去除筋膜，斜刀
切成片；黄豆芽洗净。

02. 猪腰片放入碗中，加盐、鸡粉、料
酒，倒入少许水淀粉，拌匀上浆，腌制
10分钟。

03. 用油起锅，放入姜片，爆香；倒入黄
豆芽，炒匀；淋入少许料酒，注入适量
清水，煮约2分钟至熟。

04. 倒入猪腰片，拌煮至断生。

05. 调入盐、鸡粉、胡椒粉，拌煮约半分
钟，撒上葱花，拌煮至熟即成。

营养分析〉 黄豆芽含有维生素A、钙、磷等营养成分，还富含膳食纤维，对便秘很有
帮助。

莲子猪心汤

材料

莲藕300克，猪心200克，水发莲子、香菇
各40克，姜片少许

调料

盐、鸡粉各2克，胡椒粉3克，料酒8毫升

做法

01. 把去皮洗净的莲藕切滚刀块，洗好
的香菇切成小片，洗净的莲子去除莲子
芯，洗净的猪心切成薄片。

02. 砂煲中注水烧开，倒入香菇、莲子、
莲藕、猪心，淋入少许料酒，拌匀，放
入姜片。

03. 加盖，用大火煮沸后转小火煲煮约30
分钟至食材熟透。

04. 揭开盖，煮约1分30秒，捞去浮沫。

05. 加入盐、鸡粉、胡椒粉，拌煮至入
味，盛出装碗即成。

营养分析 莲藕含有淀粉、蛋白质、糖分、天门冬素、维生素C及氧化酶等营养成
分，有健脾开胃、安神健脑的作用。

▶ 桂圆黄芪猪心汤

● 材料

猪心300克，姜片少许，桂圆肉、红枣各35克，黄芪15克

● 调料

盐3克，鸡粉2克，胡椒粉少许，料酒7毫升

● 做法

01.将处理干净的猪心切片。

02.砂煲中注入适量清水烧开，放入洗净的红枣、黄芪、桂圆肉，下入姜片、猪心，拌匀。

03.淋入少许料酒，用大火煮沸，捞去浮沫，转小火煲煮约30分钟至食材熟透。

04.加入盐、鸡粉、胡椒粉，拌匀调味。

05.把煮好的汤盛入碗中即可。

营养分析 〉猪心含有蛋白质、脂肪、钙、磷、铁及多种维生素等营养成分，可加强心肌营养，增强心肌收缩力。

▶ 咸菜白果猪肚汤

⁞ 材料

白果15克，咸菜100克，猪肚200克，姜片
10克

⁞ 调料

盐、鸡粉各2克，料酒10毫升，胡椒粉
少许

⁞ 做法

01.把洗净的咸菜切成条，处理干净的猪
肚切成片。

02.锅中注水烧开，加入少许料酒、猪
肚，煮半分钟去除腥味，捞出沥干水分。

03.砂锅中注水烧开，放入姜片、白果、
猪肚、咸菜，淋入适量料酒。

04.盖上盖，烧开后转小火煮30分钟至食
材熟透。

05.揭开锅盖，放入鸡粉、盐、胡椒粉，
拌匀调味。

06.把煮好的汤盛入碗中即可。

营养分析 白果含有蛋白质、粗纤维、碳水化合物、脂肪、核黄素等多种微量元
素，有祛痰止咳、润肺定喘的功效。

▶ 淮山猪肚汤

◦ 材料

猪肚300克，党参、淮山、黄芪、枸杞、姜片各少许

◦ 调料

盐3克，鸡粉2克，胡椒粉少许

◦ 做法

01. 把洗净的党参、淮山切成段；洗净的猪肚切开，改切小片。

02. 锅中注水烧开，倒入猪肚，拌煮约30秒去除异味，捞出沥干水分。

03. 砂煲中倒入适量清水烧开，倒入党参、淮山、黄芪、枸杞，下入猪肚、姜片，煮沸后转小火煮约60分钟至食材熟透。

04. 加入盐、鸡粉、胡椒粉，拌匀调味，盛出煲煮好的食材即成。

> **营养分析**〉猪肚含有蛋白质、碳水化合物、脂肪、钙、磷、铁、维生素B_2、烟碱酸等营养成分，具有补虚损、健脾胃的作用。

▶白菜豆腐猪血汤

🔸 材料

豆腐180克，猪血220克，大白菜200克，
姜片、葱花各少许

🔸 调料

盐、鸡粉各2克，胡椒粉、芝麻油、食用
油各适量

🔸 做法

01. 洗净的大白菜切小块，洗净的豆腐切
小方块，洗净的猪血切小块。

02. 锅中加适量清水烧开，倒入少许食用
油，撒上姜片。

03. 倒入豆腐块、大白菜，搅匀；加入
盐、鸡粉，下入猪血，拌匀。

04. 加盖，烧开后用中火煮约2分钟至食
材熟透。

05. 揭盖，撒上胡椒粉，淋入芝麻油，搅
匀至入味。

06. 将煮好的汤料盛入碗中，撒上葱花
即可。

营养分析〉猪血富含多种维生素、蛋白质、铁、磷、钙等营养成分，具有清肠、补
血、美容的功效。

▶ 肉丸豆腐汤

材料

西红柿 80 克，豆腐 85 克，肉丸 60 克，葱花、姜片各少许

调料

盐、鸡粉、胡椒粉、大豆油各适量

做法

01. 将豆腐洗净，切成小方块。
02. 西红柿洗净，切成块。
03. 用大豆油起锅，加入适量清水烧开。
04. 倒入肉丸、豆腐，加入少许盐、鸡粉、胡椒粉、姜片。
05. 煮约3分钟后，倒入西红柿，中火再煮1分钟至食材熟透。
06. 将煮好的汤料盛入碗中，撒入葱花即成。

营养分析 〉西红柿富含糖、B族维生素、维生素C及胡萝卜素等营养成分，有生津止渴、健胃消食、清热解毒的功效。

▶ 粉丝冬瓜丸子汤

● 材料

冬瓜280克，猪肉丸子80克，水发粉丝180克，姜片、葱花各少许

● 调料

盐3克，鸡粉2克，胡椒粉1克，食用油、芝麻油各少许

● 做法

01. 把去皮洗净的冬瓜切成丝，猪肉丸子切成片，粉丝切成段。

02. 锅中注水烧开，倒入适量食用油，放入姜片、冬瓜，再倒入肉丸片。

03. 盖上盖，大火烧开转小火煮2分钟至食材熟透。

04. 揭盖，加入盐、鸡粉、胡椒粉，搅匀调味。

05. 放入粉丝，搅匀，大火煮沸；放入葱花，拌匀略煮片刻；淋入少许芝麻油，搅匀即可。

> **营养分析** 粉丝富含碳水化合物、膳食纤维、蛋白质、烟酸、钙、镁、铁、磷等营养元素，具有促进肠胃蠕动、增强人体免疫力的功效。

▶ 白萝卜枸杞牛腩汤

● 材料

熟牛腩350克，白萝卜200克，姜片、枸杞各少许

● 调料

盐、鸡粉各2克，胡椒粉少许

● 做法

01. 将去皮洗净的白萝卜切成大块，熟牛腩切成小块。

02. 砂煲中倒入适量清水，放入姜片、牛腩，盖上盖，煮沸后用小火煮约60分钟至食材熟软。

03. 揭盖，倒入白萝卜块、枸杞，再盖上盖，煮沸后用中火再煮约15分钟至萝卜块熟透。

04. 揭开盖，加入盐、鸡粉、胡椒粉，拌匀调味。

05. 盛出煮好的牛腩汤即成。

营养分析 〉牛腩富含氨基酸、蛋白质和矿物质，有利于增进身体的新陈代谢，增强抗病能力。

▶ 山药牛肉汤

⦂ 材料

山药400克，牛肉300克，姜片10克，枸杞
3克

⦂ 调料

盐、鸡粉、胡椒粉、料酒各适量

⦂ 做法

01. 将去皮洗净的山药切成块；洗净的牛肉切成块，倒入沸水锅中汆去血水，捞出备用。

02. 锅中另加适量清水，倒入牛肉、山药，放入姜片、枸杞，大火煮沸；淋入料酒，拌匀。

03. 将锅中食材倒入砂煲中，加盖，慢火炖60分钟。

04. 揭盖，捞去浮沫，加入盐、鸡粉、胡椒粉，煮片刻至入味。

05. 把煮好的汤料盛入碗中即可。

> **营养分析〉**牛肉具有高蛋白、低脂肪的特点，具有补中益气、滋养脾胃、强健筋骨、止渴止涎的功效，还含有丰富的维生素B_6，可增强身体免疫力，促进蛋白质的新陈代谢和合成。

▶ 枸杞黄芪牛肉汤

⬤ 材料

牛肉150克，黄芪5克，枸杞2克，姜片5克

⬤ 调料

料酒、盐、味精、鸡粉各适量

⬤ 做法

01. 将洗净的牛肉切成方块。
02. 锅中加适量清水，放入牛肉块，汆煮至断生，捞出。
03. 锅中注入适量清水烧开，加入料酒、盐、味精、鸡粉，拌匀；再倒入牛肉块、黄芪、姜片，大火煮沸。
04. 把锅中汤料倒入汤盅里，撒入枸杞，放入蒸锅中，用小火蒸60分钟。
05. 揭盖，把蒸好的汤料取出即可。

营养分析〉牛肉富含蛋白质，氨基酸组成比猪肉更接近人体需要，能提高机体抗病能力。

▶ 黄豆油菜牛肉汤

● 材料

牛肉200克，水发黄豆300克，油菜40克，姜片少许

● 调料

盐3克，鸡粉2克，料酒6毫升

● 做法

01. 将洗净的油菜修整齐，洗好的牛肉切成肉丁。

02. 砂煲中注水烧开，倒入牛肉丁、洗净的黄豆，撒入姜片，淋入少许料酒，拌匀。

03. 盖上盖，煮沸后用慢火炖煮约60分钟至食材熟软。

04. 揭盖，加入盐、鸡粉、油菜，拌煮至断生，拣出煮熟的油菜。

05. 将砂煲中的食材盛入碗中，摆上油菜即成。

营养分析〉 黄豆含有优质蛋白、脂肪、膳食纤维以及碳水化合物等营养物质，可以促进人体的消化吸收。

▶ 萝卜牛心汤

● 材料

白萝卜300克，牛心250克，姜片15克，枸杞5克

● 调料

盐2克，鸡粉3克，料酒5毫升，胡椒粉1克，食用油适量

● 做法

01.将去皮洗净的白萝卜切成块；洗好的牛心成切片。

02.锅中注水烧开，倒入牛心，搅散煮约1分30秒去除血水，捞出，沥干水分。

03.锅中注水烧开，倒入白萝卜、牛心、姜片、食用油、枸杞，略搅拌，淋入料酒。

04.盖上锅盖，用大火烧开后转小火煮30分钟至食材熟软。

05.揭开锅盖，放入盐、鸡粉、胡椒粉，拌匀调味即可。

营养分析 〉牛心富含蛋白质、氨基酸以及磷、钾、钠等微量元素，具有养心安神、补血、增强体力的功效。

▶ 芹菜牛肉丸汤

● 材料

牛肉丸200克，芹菜50克，高汤800毫升

● 调料

盐4克，味精1克，胡椒粉、食用油各适量

● 做法

01. 将洗净的芹菜切成粒。

02. 洗净的牛肉丸切网格花刀。

03. 锅中倒入高汤烧开，加入盐、味精、胡椒粉、食用油。

04. 把牛肉丸倒入锅中，大火煮约5分钟至食材熟透。

05. 倒入芹菜粒，拌煮片刻。

06. 把煮好的汤盛入汤盆即可。

营养分析 〉芹菜含铁量较高，是缺铁性贫血患者的佳蔬，此外，芹菜的叶、茎含有挥发性物质，别具芳香气味，能增强人的食欲。

▶ 马蹄山药羊骨汤

材料

马蹄100克，山药150克，胡萝卜50克，生姜10克，羊骨750克，枸杞少许

调料

盐、鸡粉、味精、胡椒粉各适量

做法

01 将洗好的胡萝卜切块，生姜切片，去皮洗好的山药切块。

02 锅中倒入适量清水，倒入羊骨，加盖焖煮至断生，捞出。

03 另起锅加清水烧开，倒入胡萝卜、山药、生姜、羊骨、马蹄，煮沸。

04 将锅中汤料倒入砂煲中，撒入枸杞，加盖慢火炖40分钟至食材熟透。

05 揭盖，加入盐、鸡粉、味精、胡椒粉，调味即成。

营养分析 〉羊骨含有磷酸钙、碳酸钙、骨胶原等营养成分，具有补肾、强筋骨、止血的作用。

▶ 白萝卜炖羊腩

● 材料

白萝卜300克，羊腩块200克，香菜、姜片
各少许

● 调料

盐、鸡精、胡椒粉、料酒各适量

● 做法

01. 把洗净的白萝卜切薄片。

02. 锅中注水烧热，放入羊腩块氽煮片
刻，捞出沥干水分。

03. 另起锅，注入适量清水烧开，放入姜
片、白萝卜，再倒入羊腩，淋入少许料
酒拌匀，盖上锅盖烧开。

04. 将锅中的材料倒入砂煲，盖上盖，用
小火煲40分钟。

05. 揭开盖，加入盐、鸡精拌至入味。放
入洗净的香菜，撒上胡椒粉即成。

营养分析〉羊腩富含蛋白质、维生素和矿物质等营养成分，具有温暖脾胃、补益元
气、补肾壮阳的作用。

▶ 大白菜羊肉锅

● 材料

羊肉350克，大白菜150克，白萝卜、彩椒、姜片各适量，浓汤1000克

● 调料

盐、味精、鸡粉、料酒、水淀粉、食用油各适量

● 做法

01.将羊肉、大白菜、白萝卜、彩椒分别洗净，均切片。

02.羊肉装入盘中，加料酒、鸡粉、盐、味精，再加水淀粉抓匀，腌制10分钟至入味。

03.炒锅中注油烧热，倒入姜片、白菜、白萝卜、少许水，炒匀。

04.倒入浓汤煮沸，加入盐、味精、鸡粉、彩椒，拌匀。

05.倒入羊肉，用大火再煮3分钟至羊肉完全熟透即可。

营养分析 大白菜富含蛋白质、脂肪、胡萝卜素、多种维生素、粗纤维和钙、磷等矿物质，有润肠、促进排毒的作用。

Part 4

色香味全原生态
——禽蛋汤

禽蛋汤特别美味，含有蛋白质、多种维生素、矿物质和抗氧化物质等，这些营养成分对人体健康十分有益，对于不同体质的人群来说是滋补必备的食物。

需要注意的是，过量食用禽蛋可能会加重肾脏的负担，建议适量食用。

▶ 桂圆人参土鸡汤

● 材料

鸡300克，猪瘦肉35克，人参、党参、北芪、桂圆、枸杞、红枣、姜片各适量

● 调料

高汤、盐、鸡粉各适量

● 做法

01. 鸡洗净斩块，锅中倒入清水，放入鸡块，烧开后余煮约5分钟至断生，捞出。

02. 将鸡块、瘦肉放入炖盅，再加入洗净的药材和姜片。

03. 锅中倒入高汤煮沸，加入盐、鸡粉调味。

04. 将高汤舀入炖盅，加盖，放入炖锅中炖60分钟。

05. 汤炖成，取出即成。

营养分析〉鸡肉含有对人体生长发育有重要作用的磷脂类、矿物质及多种维生素，对营养不良、畏寒怕冷、贫血等症状有一定的缓解作用。

▶ 虫草花鸡肉汤

● 材料
鸡肉400克，虫草花30克，姜片少许，高汤适量

● 调料
盐、料酒、鸡粉、味精各适量

● 做法
01. 将洗净的鸡肉斩块。
02. 锅中注入适量清水，放入鸡块，煮开后撇去浮沫；捞出鸡块，过凉水后装盘备用。
03. 另起锅倒入清水，淋入少许料酒，再加入鸡粉、盐、味精，搅匀并烧开。
04. 将鸡块放入炖盅内，放入姜片、虫草花，倒入调好味的高汤，盖上盖。
05. 炖锅加适量清水，放入炖盅，加盖炖60分钟。
06. 揭盖，取出炖盅即可。

营养分析〉虫草花富含蛋白质、氨基酸、虫草素、甘露醇、多糖类等营养成分，具有壮阳补肾、美容养颜、增强免疫力等作用。

▶ 仔鸡竹笋甲鱼汤

材料

甲鱼1只，仔鸡1只，鸡胸肉120克，菜心150克，葱条15克，生姜20克，竹笋、水发香菇、火腿各少许，鸡汤适量

调料

盐、白糖、味精、料酒、水淀粉各适量

做法

01.生姜切片，竹笋切段，菜心切开菜梗，香菇、火腿切片。

02.鸡胸肉切片，加入少许姜和葱白剁成碎末；仔鸡切去爪尖、鸡腔；把仔鸡和甲鱼分别余熟。

03.鸡肉末装碗，加入盐、味精、白糖、料酒、水淀粉，拌匀腌制10分钟，然后做成鸡肉丸备用。

04.锅中倒入鸡汤烧热，放入姜片、竹笋、香菇、火腿、葱条、鸡肉丸，煮开后加适量盐、料酒调味。

05.将仔鸡、甲鱼、锅中材料倒入汤煲，置于蒸锅，用小火炖煮2小时。

06.取出汤煲，放入菜心即成。

营养分析 甲鱼含有蛋白质、脂肪、铁等多种营养成分，具有滋阴清热、补虚养肾、补血补肝等功效。

▶ 板栗胡萝卜土鸡汤

⦿ 材料
土鸡300克，板栗肉80克，胡萝卜、姜片、葱段各少许

⦿ 调料
盐、白糖、料酒、胡椒粉各适量

⦿ 做法
01. 将土鸡处理好洗净，斩成块；胡萝卜去皮洗净，切片。

02. 锅中注入适量清水烧开，倒入鸡块汆煮约3分钟至断生，捞出备用。

03. 锅中倒入适量清水，倒入鸡块、姜片、板栗肉，烧开后转小火炖约60分钟至食材熟透。

04. 锅中加入盐、白糖、料酒调味，倒入胡萝卜片，撒上胡椒粉，放入葱段，拌匀即可。

> **营养分析** 板栗富含碳水化合物、蛋白质、多种维生素以及钾、镁、铁、锌、锰等营养成分，具有养胃健脾、补气养血、强筋健骨、祛风除湿的功效。

鸡丝金针菇汤

材料

金针菇300克，鸡胸肉250克，姜片、葱花各10克

调料

盐、味精、鸡粉、水淀粉、食用油各适量

做法

01. 鸡胸肉洗净切细丝，倒入碗中，加入盐、味精、鸡粉、水淀粉，拌匀；倒入少许食用油，腌制至入味。

02. 金针菇洗净切去根部，沥干水分，备用。

03. 油锅烧热，注入适量清水，放入姜片，大火煮至沸，然后加入盐、味精、鸡粉调味。

04. 放入金针菇煮沸，再倒入鸡肉丝，煮至食材熟透。

05. 把做好的汤盛出，撒上葱花即成。

> **营养分析** 鸡胸肉肉质细嫩，是高蛋白、低脂肪的健康食品，含有多种维生素、钙、磷、铁等营养成分，其含有的氨基酸组成与人体需要的十分接近，具有增强体力、强壮身体的作用。

▶ 菠萝鸡片汤

● 材料

菠萝肉100克，鸡胸肉150克，姜片、葱花各少许

● 调料

盐、鸡粉6克，水淀粉10毫升，胡椒粉、食用油、芝麻油各适量

● 做法

01. 洗净的菠萝肉切片，洗净的鸡胸肉切薄片。

02. 鸡肉片装碗，加入少许盐、鸡粉、水淀粉拌匀，加入少许食用油腌制10分钟。

03. 锅中注水烧开，加入食用油、盐、鸡粉调味，倒入菠萝片煮沸。

04. 倒入肉片、姜片，煮约1分钟至熟；加入胡椒粉、芝麻油，拌匀。

05. 将葱花放入碗中，再倒入煮好的菠萝鸡片汤即可。

> **营养分析** 〉 菠萝含有蛋白质、氨基酸、胡萝卜素、膳食纤维等营养物质，其所含的B族维生素能有效地滋养肌肤，防止皮肤干裂，滋养头发，同时可以消除身体的紧张感和增强机体的免疫力。

▶ 马蹄鸡肉汤

🔸 材料

鸡肉350克，马蹄肉300克，胡萝卜200克，姜片少许

🔸 调料

盐3克，鸡粉2克，胡椒粉、料酒各适量

🔸 做法

01.去皮洗净的胡萝卜切滚刀块，洗净的鸡肉斩成块。

02.锅中注水烧开，倒入鸡块，淋入料酒，煮去血渍、捞去浮沫。

03.锅中倒入胡萝卜块、洗净的马蹄肉、姜片，大火煮沸。

04.将锅中食材和汤汁一起倒入砂煲中，并将砂煲放置于旺火上，煮沸后改小火续煮约40分钟至食材熟软。

05.放入盐、鸡粉和少许胡椒粉，拌匀去浮沫，转大火煮至沸腾即成。

营养分析〉马蹄性寒，具有清热解毒的功效，适宜发烧病人食用。

▶ 冬笋香菇煲仔鸡

● 材料

鲜香菇40克，冬笋100克，鸡肉120克，姜片少许

● 调料

盐、鸡粉各2克，料酒、胡椒粉各适量

● 做法

01. 将洗净的香菇切成小块，洗好的冬笋切成小块，洗净的鸡肉斩成小块。

02. 砂锅中注水烧开，放入鸡肉块、冬笋、姜片、香菇，搅拌匀。

03. 淋入少许料酒，拌匀煮沸。

04. 捞去浮沫，盖上盖，用小火炖约30分钟。

05. 揭盖，加入适量盐、鸡粉、胡椒粉，拌匀即成。

营养分析 竹笋含有蛋白质、氨基酸、脂肪、糖类、钙、磷、铁、胡萝卜素及多种维生素，具有低脂肪、低糖、多纤维的特点，能促进肠道蠕动，帮助消化、去积食。

▶ 甘蔗鸡骨汤

● 材料

鸡骨500克，甘蔗200克，胡萝卜100克，姜片30克

● 调料

盐、味精、鸡粉、料酒各适量

● 做法

01. 将甘蔗去皮洗净，斩段；胡萝卜去皮洗净，切块；鸡骨洗净，斩块。

02. 锅中倒入清水烧开，倒入鸡骨和少许料酒，汆煮约3分钟至断生，捞出用清水洗净。

03. 锅中加清水烧开，倒入鸡骨、甘蔗、胡萝卜、姜片，淋上料酒，煮沸。

04. 将锅中汤料倒入汤煲内，加盖烧开后用慢火煲60分钟。

05. 揭盖，加入盐、味精、鸡粉，调味即可。

> **营养分析** 甘蔗含有丰富的糖分、水分，此外，还含有对人体新陈代谢非常有益的各种维生素、脂肪、蛋白质、有机酸、钙、铁等物质，具有清热消暑、益脾胃、生津止渴、滋阴润燥等功效。

▶ 山药乌鸡汤

● 材料

乌鸡300克，山药100克，红枣40克，姜片少许

● 调料

盐、鸡粉、料酒各适量

● 做法

01.山药去皮洗净，切成块；乌鸡洗净，斩成块。

02.锅中注水烧开，倒入乌鸡，汆煮3分钟至断生，捞出洗净。

03.锅中另加水烧开，放入姜片、红枣、乌鸡块、山药、料酒，煮沸。

04.将锅中食材和汤料转至砂煲中，加盖，烧开后调小火炖约60分钟。

05.揭盖，加入盐、鸡粉，拌匀调味即成。

> **营养分析**〉红枣自古以来就是补血佳品，而乌鸡更能益气、滋阴，这道汤特别适合女性朋友食用，经常食用还能美容。

▶ 黄芪当归乌鸡汤

● 材料

乌鸡350克，当归、黄芪、红枣、姜片各少许

● 调料

盐3克，鸡粉2克，胡椒粉、料酒各适量

● 做法

01. 把洗净的乌鸡切成小块。

02. 锅中注水烧开，放入鸡块煮约3分钟汆去血渍，捞出沥干水分。

03. 砂煲中倒入适量清水烧开，倒入鸡块，再放洗净的红枣、黄芪、当归、姜片，淋入少许料酒。

04. 加盖，煮沸后转小火煮约40分钟至鸡肉熟透。

05. 揭盖，加入盐、鸡粉，撒入胡椒粉，拌匀调味即可。

> **营养分析** 〉乌鸡含有丰富的黑色素、蛋白质、B族维生素等多种营养成分，其中烟酸、维生素E、磷、铁、钾、钠的含量均高于普通鸡肉，是营养价值较高的滋补品，可以延缓衰老、强筋健骨。

▶ 淮山党参乌鸡汤

● 材料

乌鸡肉150克，枸杞3克，红枣3克，党参4克，淮山5克，当归3克，生姜片少许

● 调料

料酒、盐、鸡粉各适量

● 做法

01. 将洗净的乌鸡斩块。

02. 锅中倒入适量清水，倒入鸡块，加入料酒拌匀，余煮至断生后捞出。

03. 用油起锅，放入姜片，爆香；倒入鸡块，淋入少量料酒炒匀。

04. 倒入适量清水烧开，加入枸杞、红枣、党参、淮山、当归，拌匀煮沸。

05. 放入盐、鸡粉，拌匀调味。

06. 将锅中所有材料盛入汤盅，放入蒸锅，加盖慢火蒸60分钟即可。

> **营养分析**〉党参含有葡萄糖、果糖、蔗糖、磷酸盐和多种氨基酸，具有补中益气、和胃养血等功效，适宜平素倦怠乏力、精神不振、自觉气短者食用。

▶ 香菇眉豆鸡爪汤

● 材料

鲜香菇60克，鸡爪170克，水发眉豆120克，姜片、葱花各少许

● 调料

盐3克，鸡粉2克，胡椒粉、料酒各适量

● 做法

01.把洗净的香菇切成小块；洗好的鸡爪切去爪尖，斩成小块。

02.砂锅中注水烧开，倒入眉豆、鸡爪、香菇，拌匀。

03.加入姜片，淋入料酒，加盖烧开后转小火煮40分钟至食材熟透。

04.揭盖，加入适量盐、鸡粉、胡椒粉，拌匀调味。

05.把煮好的汤盛入汤碗中，撒上少许葱花即可。

> **营养分析** 〉 鸡爪的营养价值很高，是一种高蛋白、低脂肪的食物，它富含钙、磷、铁、B族维生素等成分，具有温中补气、补虚损、健脾胃和强筋骨的功效。

板栗枸杞乌鸡汤

材料

乌鸡300克，板栗100克，红枣、枸杞、姜片各少许

调料

料酒、盐、鸡粉、食用油各适量

做法

01. 将洗净的乌鸡切去爪尖，斩成块；把板栗去掉外壳，将果肉对半切开。

02. 锅中加入适量清水烧开，倒入乌鸡肉，汆煮约5分钟至断生，捞出。

03. 起油锅，放入姜片爆香，倒入鸡块、料酒，翻炒片刻；再倒入适量清水、板栗，加入盐、鸡粉调味。

04. 放入洗净的红枣，加盖小火炖40分钟至鸡肉熟烂。

05. 揭盖，放入枸杞，炖煮片刻即成。

营养分析 〉板栗味甘，性温，具有养胃健脾、补肾强筋、活血止血之功效。

▶ 绿豆芽鸡肝汤

材料

绿豆芽80克，鸡肝90克，鸡心10克，姜片、葱花各少许

调料

盐4克，鸡粉3克，料酒、芝麻油、食用油各适量

做法

01. 将处理干净的鸡肝切片，鸡心切片。

02. 鸡肝、鸡心装入碗中，加入少许盐、鸡粉，淋入少许料酒，用手抓匀，腌制10分钟。

03. 锅中注入清水烧开，倒入少许食用油，放入姜片和洗好的绿豆芽，拌匀。

04. 加入适量盐、鸡粉，拌匀调味。

05. 放入腌制好的鸡肝、鸡心，拌匀煮沸。

06. 淋入少许芝麻油，撒入少许葱花，搅拌均匀，盛入汤碗中即成。

> **营养分析** 鸡肝含有丰富的蛋白质、钙、磷、铁、锌、维生素A、B族维生素等营养物质，具有补肝益肾、补血、防止眼睛干涩和疲劳的功效。

玉米淮山鸡爪汤

● 材料

胡萝卜100克，玉米棒200克，鸡爪120克，淮山15克，姜片少许

● 调料

盐3克，鸡粉2克，料酒5毫升

● 做法

01. 将去皮洗净的胡萝卜切长条，改切小块；洗好的玉米棒切成块；洗净的鸡爪切去爪尖，切小块。

02. 砂锅中注入适量清水烧开，放入淮山、鸡爪、玉米块、胡萝卜块。

03. 淋入适量料酒，倒入姜片，加盖烧开后用小火再煮30分钟至食材熟软。

04. 揭盖，捞去锅中浮沫。

05. 放入盐、鸡粉，拌煮至入味，盛入碗中即可。

营养分析 〉 胡萝卜所含的维生素A是骨骼正常生长发育的必需物质，有助于细胞增殖与生长，是机体生长的要素。

▶ 苦瓜瘦肉鸡爪汤

材料

鸡爪180克，猪瘦肉90克，苦瓜200克，姜片少许

调料

盐4克，鸡粉2克，料酒5毫升

做法

01. 将洗净的苦瓜对半切开，去瓜瓤，切成段；洗净的瘦肉切成条，改切成丁；把洗好的鸡爪切去爪尖。

02. 砂锅中注入适量清水烧开，放入瘦肉丁、鸡爪，下入姜片。

03. 淋入适量料酒，拌匀，烧开后用小火煮30分钟。

04. 倒入苦瓜，炖煮15分钟至食材熟透。

05. 放入盐、鸡粉，拌匀调味即可。

营养分析〉苦瓜富含蛋白质及维生素C，能提高机体的免疫功能。另外，苦瓜汁液含有苦瓜甘和类似胰岛素的物质，具有降血糖的功效。

花生木瓜煲鸡爪

材料

木瓜250克，鸡爪180克，水发花生米150克，姜片15克

调料

盐、鸡粉各少许，米酒5毫升

做法

01. 把洗净去皮的木瓜切成丁，洗净的鸡爪剁去爪尖。

02. 砂锅中注水烧开，放入鸡爪，倒入洗净的花生米，淋入少许米酒，煮沸后掠去浮沫。

03. 撒入姜片，转小火煮约30分钟至食材变软；倒入木瓜丁，小火续煮约15分钟至食材熟透。

04. 调入盐、鸡粉，拌至入味。

05. 关火后，盛出煮好的汤料即成。

> **营养分析** 〉 花生含有丰富的脂肪、蛋白质、硫胺素、核黄素、尼克酸等成分。此外，花生还含有人体必需的氨基酸，有促进脑细胞发育、增强记忆力等功能。

▶ 百合莲子老鸭汤

⸭ 材料

鸭肉350克，水发莲子100克，水发百合、姜片各少许

⸭ 调料

盐3克，鸡粉2克，胡椒粉少许，料酒5毫升

⸭ 做法

01. 把洗净的莲子去除莲子芯，把洗净的鸭肉切成小块。

02. 锅中注水烧开，下入鸭肉块煮约2分钟，捞出沥干水分。

03. 砂煲中倒入适量清水煮沸，倒入鸭肉块，放入莲子、百合、姜片，淋上少许料酒。

04. 煮沸后转小火煮约60分钟至鸭肉熟透，掠去浮沫，加入盐、鸡粉、胡椒粉，拌匀调味。

05. 将煮好的汤盛出即可。

营养分析 莲子除含有大量淀粉外，还含有生物碱及丰富的钙、磷、铁等矿物质，有补脾止泻、养心安神等作用。

▶ 茶树菇老鸭汤

● 材料

鸭肉300克，茶树菇30克，姜片少许

● 调料

盐3克，鸡粉、料酒、食用油各适量

● 做法

01.茶树菇洗净，去根切段；鸭肉洗净，斩块。

02.锅中加水烧开，倒入鸭块，余煮约2分钟至断生，捞出。

03.用油起锅，放入姜片，爆香；倒入鸭块，加料酒炒香。

04.锅中加足量清水，加盖煮沸后倒入茶树菇。

05.将锅中材料倒入砂煲中，大火烧开后转小火炖60分钟至鸭肉熟软。

06.揭盖，捞去浮沫，加入盐、鸡粉，拌匀调味即可。

> **营养分析** 茶树菇富含蛋白质、多种维生素以及钾、钙、钠等矿物质，具有滋阴补肾、益气开胃、健脾止泻等功效。

青螺香菇炖老鸭

● 材料

鸭肉250克，螺肉150克，火腿30克，姜片20克，鲜香菇、葱段各少许

● 调料

盐、白糖、料酒、胡椒粉各适量

● 做法

01. 鸭肉洗净，斩成块。

02. 锅中注水烧开，倒入鸭块、螺肉，汆煮至断生后捞出。

03. 锅中倒入适量清水烧开，倒入鸭块和螺肉，加入火腿片、姜片、鲜香菇、葱白，淋入少许料酒，烧开。

04. 将锅中材料转到炖锅，加盖，炖约60分钟。

05. 汤炖好后，加入盐、白糖调味，撒入葱段、胡椒粉即成。

营养分析〉 螺肉富含蛋白质、维生素和人体必需的氨基酸和微量元素，具有清热、利水消肿的作用。

▶ 竹荪白萝卜鸭汤

● 材料

鸭肉500克，白萝卜300克，水发竹荪30克，葱结、姜片各少许

● 调料

盐3克，味精、鸡粉、胡椒粉、料酒、食用油各适量

● 做法

01.白萝卜去皮切块，竹荪择去蒂，鸭肉斩块。

02.锅中注水烧开，倒入鸭块氽煮约2分钟至断生，捞出。

03.用油起锅，放入葱结、姜片，爆香；倒入鸭块、料酒，炒香。

04.加入足量清水，加盖煮沸；揭盖，夹出葱结，倒入白萝卜和竹荪，煮沸。

05.将锅中食材倒入砂煲中，加盖，大火烧开后改小火炖40分钟至鸭肉酥软。

06.揭盖，加入盐、味精、鸡粉、胡椒粉，调味即可。

> **营养分析〉**竹荪富含多种氨基酸、维生素、无机盐、多糖等营养成分，是低脂肪、高纤维食品，有助于控制体重和保持消化系统健康，具有清热利湿、滋补强壮等功效。

▶ 冬瓜鸭腿汤

● 材料

鸭腿250克，冬瓜500克，姜片25克，陈皮5克，枸杞10克

● 调料

盐、鸡粉各4克，料酒5毫升，食用油适量

● 做法

01. 将去皮洗净的冬瓜切成小块。

02. 锅中注油烧热，放入洗净的鸭腿，煸炒；放入姜片，炒香；淋入少许料酒，炒匀。

03. 锅中倒入清水，放入洗净的陈皮、枸杞，盖上盖，大火烧开；揭盖，放入冬瓜块，捞去浮沫。

04. 将锅中食材转到砂锅中，盖上盖，烧开后转小火炖40分钟。

05. 揭盖，加入鸡粉、盐，拌入味即成。

营养分析 〉陈皮具有消炎、疏通血管等作用，可缓解感冒、咳嗽、便秘等症状。

▶ 竹笋玉米鸭肠汤

◉ 材料

冬笋100克，玉米棒150克，熟鸭肠100克，姜片10克，葱段少许

◉ 调料

盐3克，鸡粉2克，料酒、胡椒粉各适量

◉ 做法

01. 将洗净的冬笋切成小块，洗好的玉米棒切成段，熟鸭肠切成段。

02. 砂锅中注水烧开，放入姜片、玉米棒、冬笋块、鸭肠段，淋入少许料酒。

03. 盖上盖，烧开后用小火煮20分钟至食材熟透。

04. 揭盖，加入适量盐、鸡粉、胡椒粉，拌匀调味。

05. 煮好的汤盛入碗中，撒上葱段即成。

> **营养分析** 鸭肠富含蛋白质、脂肪、维生素、矿物质等营养成分，可以促进人体的新陈代谢，有助于提高身体的免疫力。

▶ 西红柿鸭肝汤

材料

西红柿100克，鸭肝150克，姜丝、葱花各少许

调料

盐5克，鸡粉3克，胡椒粉2克，料酒、食用油各少许

做法

01. 洗净的西红柿切成小瓣，处理干净的鸭肝切成片。

02. 鸭肝片放入碗中，加入少许盐、鸡粉、料酒拌匀，腌制10分钟。

03. 锅中注水烧开，倒入食用油、西红柿、姜丝，拌匀。

04. 加盖，煮沸后用中火煮约2分钟至食材熟软；开盖，倒入鸭肝，煮至断生。

05. 加入鸡粉、盐、胡椒粉调味，转大火煮约1分钟至鸭肝熟透。

06. 捞去浮沫，盛出煮好的汤料，撒上葱花即成。

营养分析〉鸭肝含有蛋白质、多种矿物质及维生素，可以为人体补充辅酶，有利于体内有毒物质的分解，能增强机体免疫力；含有的铁元素可以补充人体的血红蛋白，起到补血的功效。

▶ 鸭血豆腐汤

● 材料

鸭血250克，豆腐180克，姜片、葱花各少许

● 调料

鸡粉2克，盐、胡椒粉、食用油各适量

● 做法

01. 将洗好的豆腐切成小方块，洗净的鸭血切成小方块。

02. 锅中注水烧开，放入少许盐，倒入豆腐，煮约1分钟，捞出。

03. 另起锅注水烧开，倒入食用油、姜片、盐、鸡粉，加入鸭血、胡椒粉、豆腐，加盖，烧开后转中火煮2分钟至食材熟透。

04. 揭开盖子，搅拌匀，把煮好的汤盛入汤碗中，撒上葱花即可。

> **营养分析**〉豆腐含有人体必需的8种氨基酸，而且豆腐中的蛋白质是完全蛋白，更利于人体消化吸收。

▶ 鸭血粉丝汤

● 材料

鸭肝180克，鸭血300克，水发粉丝300克，姜片、葱花各少许

● 调料

盐3克，鸡粉2克，芝麻油3毫升，胡椒粉、食用油各适量

● 做法

01. 洗好的鸭血切小块，洗净的鸭肝切成片。

02. 锅中注水烧开，倒入食用油，放入姜片、鸭血、鸭肝，拌匀。

03. 盖上盖，烧开后转小火煮约2分钟至食材熟透。

04. 揭盖，加入适量盐、鸡粉、胡椒粉、芝麻油，拌匀。

05. 放入粉丝，搅拌均匀，转大火煮沸。

06. 把煮好的汤盛出，再撒上葱花即可。

营养分析〉鸭血含有丰富的蛋白质及多种人体不能合成的氨基酸，还含有铁等矿物质和多种维生素，有补血和清热解毒的作用。

▶ 玉竹红枣炖乳鸽

⚫ 材料

乳鸽120克，玉竹8克，党参6克，红枣5克，熟枸杞3克，生姜8克、上汤适量

⚫ 调料

盐、料酒各适量

⚫ 做法

01.将洗净的乳鸽斩成块，各种药材用清水洗净。

02.锅中注入适量清水烧开，放入乳鸽汆煮约2分钟至断生，捞出。

03.把乳鸽和所有药材一起放入汤盅。

04.另起锅，倒入上汤，加入盐、料酒，拌匀制成汤汁。

05.把汤汁舀入汤盅，汤盅放入蒸锅内，用慢火炖2小时至入味。

06.取出汤盅，撒入熟枸杞即成。

营养分析 乳鸽富含蛋白质和少量无机盐等营养成分，具有滋补益气、祛风解毒等功效，对病后体弱、头昏神疲、记忆力衰退有很好的补益作用。

桂圆黄芪乳鸽汤

材料

乳鸽1只，天麻15克，黄芪、桂圆、党参、人参、姜片、枸杞、红枣、陈皮各少许，高汤适量

调料

盐、鸡粉、料酒各适量

做法

01. 乳鸽宰杀处理干净，斩成块。

02. 锅中注入适量清水烧开，倒入乳鸽汆煮约3分钟至断生，捞出用清水洗净。

03. 另起锅倒入高汤烧开，加入盐、鸡粉和料酒调味后，制成汤汁。

04. 将乳鸽和各味药材放入炖盅内，倒入调好味的高汤。

05. 在炖锅中加入适量清水，放入炖盅，加盖炖60分钟即成。

> **营养分析**〉乳鸽营养丰富，富含蛋白质、钙、铁、铜等元素及维生素，具有益气补血、清热解毒、生津止渴等功效。

▶ 金针菇西红柿蛋花汤

● 材料

金针菇150克，西红柿150克，鸡蛋1个，蒜末、葱花各少许

● 调料

盐3克，鸡粉2克，食用油适量

● 做法

01. 金针菇洗净，切去根部；洗好的西红柿对半切开，去蒂，切成小块。

02. 将鸡蛋打入碗中，用筷子快速搅拌成蛋液。

03. 锅中注油烧热，放入蒜末，爆香；倒入金针菇、西红柿，翻炒匀。

04. 锅中注入适量清水，加入盐、鸡粉，加盖煮沸。

05. 揭盖，倒入蛋液拌匀，放入少许葱花即可。

营养分析 鸡蛋含有丰富的蛋白质、脂肪、碳水化合物及钙、磷、铁等多种矿物质，为人体提供充足的营养物质，具有滋阴润燥、养心补血的功效。

丝瓜蛋花汤

材料

丝瓜200克，鸡蛋1个，葱花少许

调料

盐、鸡粉、胡椒粉、食用油各适量

做法

01. 将鸡蛋打入碗中，用筷子搅拌成蛋液，将去皮洗净的丝瓜切成片。

02. 锅中注入适量清水烧开，倒入适量食用油，加入鸡粉、盐、丝瓜片。

03. 烧开后撒入胡椒粉，拌煮约2分钟至食材熟软。

04. 倒入蛋液，搅匀煮沸，撒入葱花即可。

营养分析〉丝瓜富含蛋白质、粗纤维、维生素等营养成分，其所含的维生素B_1和维生素C具有淡化雀斑、抗皱、增白的作用，尤其适合女性食用。

▶ 咸蛋木耳菜汤

● 材料

生咸蛋1个，木耳菜150克

● 调料

盐、鸡粉各2克，食用油适量

● 做法

01. 将木耳菜洗净，切去根部；咸蛋打入碗中，取出蛋黄用刀压扁，剁成末。

02. 用油起锅，放入木耳菜，翻炒至熟软。

03. 倒入适量清水，放入咸蛋黄，盖上盖，用大火煮沸。

04. 揭盖，加入适量盐、鸡粉，搅拌匀。

05. 倒入蛋清，拌匀煮沸，将煮好的汤盛入碗中即成。

营养分析 咸蛋富含脂肪、蛋白质和钙、磷、铁等矿物质，还含有人体所需的多种氨基酸，具有清肺热、降阴火的功效。

咸蛋芥菜汤

材料

生咸蛋1个，芥菜250克，姜片少许

调料

鸡粉2克，盐少许，食用油适量

做法

01. 将芥菜洗净，切成长段；咸蛋打入碗中，取出蛋黄用刀压扁，剁成末。

02. 用油起锅，放入姜片，爆香；倒入芥菜，拌炒片刻。

03. 锅中倒入适量清水，放入咸蛋黄，拌匀煮沸。

04. 加入适量盐、鸡粉，倒入咸蛋清，拌匀。

05. 将煮好的汤盛入碗中即成。

营养分析 芥菜含有大量的抗坏血酸，能参与机体重要的氧化还原过程，增加大脑的氧含量，有解除疲劳的作用。

▶ 皮蛋瘦肉汤

● 材料

油菜120克，猪瘦肉80克，皮蛋1个，姜片少许

● 调料

鸡粉、盐各2克，水淀粉、胡椒粉、食用油各适量

● 做法

01. 将洗净的油菜切成瓣，洗好的瘦肉切成片，皮蛋切成小瓣。

02. 把瘦肉装入碗中，加入少许盐、鸡粉、水淀粉抓匀，腌制5分钟。

03. 锅中注水烧开，加入食用油、姜片、油菜、皮蛋，拌匀。

04. 加入盐、鸡粉，煮沸后倒入肉片搅散，煮约1分钟至食材熟透。

05. 捞去浮沫，加入少许胡椒粉，拌匀即成。

营养分析 〉 猪瘦肉富含蛋白质、维生素B_1和多种营养元素，有滋养脏腑、滑润肌肤、补中益气、滋阴养胃之功效。

皮蛋菠菜汤

材料

菠菜100克，皮蛋1个，姜片少许

调料

盐、鸡粉各2克，食用油适量

做法

01.将菠菜洗净，切成段；皮蛋去壳，切成小块。

02.锅中注入适量清水烧开，倒入少许食用油，加入姜片、盐、鸡粉。

03.倒入皮蛋，拌匀，大火煮沸。

04.放入菠菜，拌煮至食材熟软。

05.将煮好的汤盛入碗中即成。

> **营养分析**〉皮蛋含有蛋白质、维生素、氨基酸和多种矿物质，其在腌制过程中经过了强碱的作用，使蛋白质及脂质分解，变得更容易消化吸收，具有增进食欲的作用。

Part 5

鲜香美味好舒畅
——水产汤

　　水产汤营养价值很高，含有丰富的蛋白质、维生素和矿物质、不饱和脂肪酸、抗氧化剂等，是人体生长和维持健康所必需的营养素。

　　需要注意的是，海鲜一般属于发物，有过敏性疾病的人群不建议摄入过量。

▶ 玉米鲫鱼汤

● 材料

玉米1根，鲫鱼500克，姜片25克

● 调料

盐、鸡粉、食用油各适量

● 做法

01. 玉米洗净，斩成小块；鲫鱼处理好，洗净。

02. 炒锅中注油烧热，放入姜片，爆香；放入鲫鱼，煎至两面断生。

03. 加适量清水烧开，放入玉米，中火煮至沸腾。

04. 加入盐、鸡粉，拌煮至入味。

05. 捞去浮沫，将锅中汤料转至砂煲，煲开后转小火煮20分钟即成。

> **营养分析** 〉玉米含有不饱和脂肪酸，可降低血液中胆固醇浓度，并预防其沉积于血管壁。此外，玉米所含的维生素E还有促进人体细胞分裂、延缓衰老的作用。

淮山胡萝卜鲫鱼汤

● 材料

胡萝卜100克，鲫鱼320克，淮山30克，姜片少许

● 调料

盐3克，鸡粉2克，料酒5毫升，胡椒粉、食用油各适量

● 做法

01. 将去皮洗净的胡萝卜切成小块，处理干净的鲫鱼切成两段。

02. 锅中注入适量食用油烧热，放入鲫鱼块，两面都煎片刻；淋入料酒，继续煎半分钟，盛出备用。

03. 砂锅中注入清水烧开，放入淮山、姜片、胡萝卜、鲫鱼，加盖，用小火煮30分钟至汤汁呈奶白色。

04. 揭开锅盖，放入盐、鸡粉、胡椒粉，转大火续煮片刻，捞出浮沫即可。

营养分析〉鲫鱼含有优质蛋白质，氨基酸种类也较全面，易于消化吸收，对肌肤的弹力纤维构成有良好的强化作用。

▶ 花生木瓜鲫鱼汤

● 材料

鲫鱼400克，木瓜150克，花生米70克，姜片15克

● 调料

盐3克，鸡粉2克，胡椒粉少许，食用油适量

● 做法

01. 鲫鱼处理好，洗净；洗净的木瓜去籽、去皮，切长条，改切成小块。

02. 锅中注油烧热，放入姜片，爆香；放入鲫鱼煎出焦香味，翻面再煎片刻，盛出备用。

03. 砂锅中注水烧开，放入花生米、鲫鱼，盖上盖，烧开后用小火炖20分钟。

04. 揭盖，放入木瓜，用小火炖10分钟至食材熟透。

05. 放入鸡粉、盐、胡椒粉，搅匀调味即成。

营养分析 〉鲫鱼富含蛋白质和氨基酸，有通血脉、补体虚、益气健脾、利水消肿、清热解毒、通络下乳等作用。

冬瓜鲫鱼汤

材料

冬瓜200克，净鲫鱼400克，姜片、香菜各少许

调料

盐、鸡粉、胡椒粉、食用油各适量

做法

01. 把去皮洗净的冬瓜切薄片。
02. 锅中倒入适量清水烧开，加入盐、鸡粉，调味。
03. 撒入姜片，放入冬瓜，拌匀。
04. 再放入鲫鱼，倒入少许食用油，盖上盖，用中火煮3分钟至鲫鱼熟透。
05. 揭开盖，撒上胡椒粉，拌匀调味。
06. 鱼汤盛入碗中，撒上香菜即可。

营养分析 〉 香菜富含铁、钙、钾、锌、维生素等营养元素，有健胃消食、发汗透疹、利尿通便、祛风解毒等功效。

▶ 香菇豆腐鲫鱼汤

🥕 材料

鲫鱼300克，鱼子20克，豆腐200克，水发香菇60克，姜片、葱花各少许

🥄 调料

盐、鸡粉各2克，胡椒粉3克，料酒、食用油各适量

🥄 做法

01. 洗净的豆腐切小方块，洗净的香菇切片，洗净的鲫鱼切大块。

02. 用油起锅，放入姜片，爆香；倒入鲫鱼块、鱼子，煎香；加入料酒、适量开水，煮沸后续煮约2分钟。

03. 倒入豆腐块、香菇片，拌煮片刻；调入盐、鸡粉、胡椒粉，拌匀调味。

04. 掠去浮沫，转中火煮约1分钟至食材入味，撒上葱花，拌煮至断生即成。

> **营养分析** 鲫鱼的鱼子富含蛋白质、钙、磷、铁、多种维生素、核黄素等营养成分，具有促进生长发育、补脑益髓、美容养颜等功效。

▶ 白术当归鲤鱼汤

● 材料

鲤鱼400克，当归3克，白术6克，姜片5克

● 调料

盐3克，鸡粉2克，料酒5毫升，食用油适量

● 做法

01. 热锅注油，下入适量姜片，爆香。

02. 放入处理干净的鲤鱼，煎制一会儿，转动炒锅；将鲤鱼翻面煎出焦香味，取出备用。

03. 锅中注水，放入处理好的白术、当归，盖上盖，烧开后改小火煮10分钟。

04. 揭盖，放入鲤鱼，加入适量料酒、盐、鸡粉，拌匀调味。

05. 盖上盖，烧开后用小火炖15分钟至食材熟透，盛出装碗即可。

营养分析 鲤鱼含有蛋白质、氨基酸、维生素、不饱和脂肪酸等成分，能益气健脾、通气下乳、维持正常血压。

▶ 木瓜鲈鱼汤

● 材料

鲈鱼350克，木瓜300克，姜片少许

● 调料

盐4克，鸡粉2克，胡椒粉、料酒、食用油各适量

● 做法

01. 将去皮洗净的木瓜切开，去瓤，再切成小块。

02. 锅中注油烧热，放入姜片，爆香；放入处理干净的鲈鱼煎片刻，将鱼翻面煎至两面断生。

03. 砂锅中注水烧开，倒入鲈鱼，淋入料酒，加盖煮沸转小火煮15分钟至鱼肉熟透。

04. 揭盖，放入木瓜、姜片，加盖煮约10分钟至食材熟软。

05. 揭盖，加入盐、鸡粉、胡椒粉，拌匀调味即成。

营养分析 〉木瓜富含氨基酸、钙、铁等营养物质，可以帮助消化、防治便秘。

▶ 酸菜鲈鱼

材料

鲈鱼500克，酸菜200克，姜片25克，红椒圈少许

调料

盐6克，料酒、醋、白糖、鸡粉、胡椒粉、食用油各适量

做法

01. 将酸菜洗净，切碎；处理好的鲈鱼撒上盐，涂抹匀腌制10分钟。

02. 锅中注油烧热，放入姜片，爆香；放入鲈鱼，用小火煎约1分钟。

03. 淋入料酒，注入清水，加盐调味，加盖煮约5分钟至汤汁呈奶白色。

04. 揭开盖子，倒入酸菜和红椒圈，拌煮约2分钟至沸腾。

05. 加入醋、盐、白糖、鸡粉、胡椒粉拌匀调味。

06. 撇掉浮沫，出锅即可。

营养分析 鲈鱼含有多种维生素及微量元素，对人体十分有益。此外，鲈鱼的蛋白质含量也很丰富，有补益五脏、益筋骨、调和肠胃的作用。

▶ 枸杞鲈鱼汤

● 材料

鲈鱼300克，枸杞5克，姜片10克

● 调料

盐、鸡粉各3克，料酒5毫升，胡椒粉少许，食用油适量

● 做法

01. 锅中注油烧热，放入处理干净的鲈鱼，煎出焦香味；将鱼翻面，煎至鲈鱼呈焦黄色，盛出备用。

02. 锅中注入适量清水烧开，加入适量料酒、盐、鸡粉，煮沸制成汤汁。

03. 在装有鲈鱼的汤碗中放入姜片、枸杞，再倒入适量汤汁。

04. 将汤碗放入蒸锅中，盖上锅盖，用小火炖30分钟至熟。

05. 炖好后取出汤碗，撒上少许胡椒粉即可。

> **营养分析**〉鲈鱼含有蛋白质、脂肪、维生素、钙、磷、铁等营养成分，具有补肝肾、益脾胃、止咳等功效。

生菜鱼骨汤

材料

生鱼骨400克，生菜50克，生姜片、芹菜各少许

调料

盐、鸡粉、味精、胡椒粉、食用油各适量

做法

01. 将洗净的生鱼骨斩块，洗好的芹菜切段，生菜洗净。
02. 锅中注水烧开，倒入碗中备用。
03. 热锅注油，放入姜片爆香；倒入鱼骨，撒入少许盐，小火煎约2分钟至呈金黄色。
04. 倒入开水，加盖煮约10分钟，加入盐、鸡粉、味精、胡椒粉，拌匀调味。
05. 放入生菜、芹菜，煮片刻至熟即可。

营养分析〉生鱼骨含有丰富的钙和微量元素，经常食用可以预防骨质疏松，对于处于生长发育期的青少年和骨骼开始衰老的中老年人都非常有益处。

▶ # 木瓜陈皮生鱼汤

材料

生鱼（黑鱼）1条，红枣6克，陈皮3克，木瓜100克，生姜片少许

调料

盐、鸡粉、味精、料酒、大豆油各适量

做法

01. 木瓜去皮洗净，切块；生鱼宰杀洗净，切段。

02. 锅中倒入少许油烧热，放入姜片，爆香；倒入生鱼段，两面煎至焦香。

03. 淋入料酒去腥，注入适量清水，加盐，煮沸。

04. 放入红枣、陈皮、生姜片、木瓜，拌匀烧开。

05. 锅中汤料倒入砂煲，小火炖40分钟至汤汁呈奶白色。

06. 加盐、鸡粉、味精调味，捞去浮沫即成。

营养分析〉生鱼富含蛋白质、脂肪、多种氨基酸、维生素以及人体所需的钙、磷、铁等矿物质，可以增强人体免疫力、改善气血亏虚的状态。

▶ 西洋菜红枣生鱼汤

🌼 材料
西洋菜150克，生鱼1条，红枣15克，姜片8克

🌼 调料
盐、味精、鸡粉、胡椒粉、料酒各适量

🌼 做法
01. 将处理干净的生鱼切两段。

02. 热锅注油，倒入姜片，爆香；再放入生鱼，煎至两面焦香。

03. 倒入少许料酒，加入适量清水，加盖用大火煮沸。

04. 揭盖，加入红枣、盐、味精、鸡粉、胡椒粉，拌匀调味。

05. 放入洗好的西洋菜，拌煮至熟。

06. 煮好的鱼汤盛入碗中即可。

营养分析 〉西洋菜富含维生素C、蛋白质、纤维素、钙、磷、铁以及多种氨基酸、维生素，具有清燥润肺、化痰止咳、利尿等功效。

▶ 香菇虫草花黄鱼汤

● 材料

水发虫草花50克，水发香菇30克，黄鱼200克，姜片少许

● 调料

盐3克，鸡粉2克，料酒、食用油各适量

● 做法

01. 将洗净的香菇去蒂，切成丝；黄鱼处理好，洗净。

02. 锅中注油烧热，放入姜片、黄鱼，煎出焦香味后翻面，略煎片刻。

03. 淋入料酒，加适量清水，放入虫草花、香菇，加入盐、鸡粉。

04. 盖上盖，大火煮沸后改小火煮约3分钟至食材熟透。

05. 揭盖，鱼汤盛出装碗即成。

营养分析〉黄鱼富含蛋白质、脂肪、磷、铁、维生素，具有开胃益气、明目安神的功效。

▶ 豆腐黄花鱼汤

● 材料

黄花鱼150克，豆腐80克，生姜片、葱花各少许

● 调料

料酒、鸡粉、盐、味精、胡椒粉、食用油各适量

● 做法

01. 将黄花鱼处理干净，洗净的豆腐切小方块。

02. 锅中注油烧热，放入黄花鱼，煎至两面焦黄。

03. 淋入料酒，加入适量清水，加盖煮至汤汁呈奶白色。

04. 揭开锅盖，放入豆腐，加入姜片，再加入鸡粉、盐、味精调味。

05. 撒入胡椒粉，拌匀，再撒上葱花即成。

营养分析 〉黄花鱼有补气血、安神等作用，孕妇食用黄花鱼也有很好的补血效果。

▶ 雪菜冬笋黄鱼汤

● 材料

黄鱼450克，雪菜150克，冬笋片50克，胡萝卜片25克，姜片、葱段各适量

● 调料

盐3克，味精2克，白糖4克，料酒6毫升，胡椒粉、食用油各适量

● 做法

01. 将黄鱼处理干净，打上一字花刀。

02. 锅中注油烧热，放入黄鱼，煎半分钟后翻面，继续煎半分钟至鱼身呈金黄色。

03. 放入姜片、葱白，煎香；倒入适量清水，烧开后转小火煮8分钟至汤汁呈奶白色。

04. 放入笋片、胡萝卜、雪菜，加入盐、味精、白糖、料酒，拌匀调味。

05. 撒入少许胡椒粉，再放入葱叶，盛入碗中即可。

营养分析〉黄鱼含有丰富的蛋白质、微量元素和维生素，对人体有很好的补益作用。

黄芪枸杞草鱼汤

材料

草鱼肉200克，枸杞7克，黄芪10克，姜片、葱花各少许

调料

盐、鸡粉各4克，水淀粉4毫升，食用油适量

做法

01. 将洗净的草鱼肉用斜刀切成片。

02. 鱼片装入碗中，加入适量盐、鸡粉、水淀粉，拌匀。

03. 再倒入适量食用油，腌制5分钟至入味。

04. 锅中倒入适量清水烧开，放入洗净的黄芪、枸杞、姜片。

05. 加入适量盐、鸡粉、食用油，放入鱼片，拌煮约2分钟至熟。

06. 把汤料盛入汤碗中，撒上少许葱花即可。

营养分析〉草鱼中的蛋白质不但含量高，而且质量佳，消化吸收率可达96%，并能供给人体必需的氨基酸、矿物质、维生素。

山药黄骨鱼汤

材料

黄骨鱼300克，山药150克，姜片、葱花各少许

调料

盐3克，鸡粉2克，胡椒粉少许，料酒5毫升，食用油适量

做法

01. 将去皮洗净的山药对半切开，用斜刀切段，改切成片，放入装有清水的碗中。

02. 炒锅中注油烧热，下入姜片，爆香；放入处理干净的黄骨鱼，煎香，将鱼翻面续煎。

03. 淋入适量料酒，倒入适量清水，放入山药片，盖上盖，烧开后转小火焖4分钟至熟。

04. 揭盖，调入适量盐、鸡粉拌匀，掠去浮沫，撒上少许胡椒粉。

05. 把鱼汤盛入汤碗中，撒上葱花即可。

> **营养分析**〉黄骨鱼富含蛋白质、维生素以及钙、铁、钠等营养元素，具有维持钾钠平衡、消除水肿、增强免疫力、补气血、清热除火等功效。

▶ 丝瓜姜丝泥鳅汤

● 材料

丝瓜250克，净泥鳅200克，姜丝20克，胡萝卜片少许

● 调料

盐3克，白糖、胡椒粉、食用油各适量

● 做法

01. 将去皮洗净的丝瓜切成片，泥鳅洗净。

02. 锅中注油烧热，放入姜丝，炒香。

03. 注入适量清水烧开，放入泥鳅，煮至断生。

04. 加入适量盐、白糖，拌煮至沸。

05. 捞去浮沫，倒入丝瓜、胡萝卜片，拌煮约2分钟至食材熟透。

06. 撒上胡椒粉，拌匀入味即可。

营养分析 〉 泥鳅富含优质蛋白、多种维生素以及钙、铁、锌、硒等营养成分，有高蛋白、低脂肪的特点，具有补中益气、养肾生精、祛毒化滞、消渴利尿、保护肝功能等功效。

▶ 蛋黄鳜鱼汤

◉ 材料

鳜鱼600克,鸡蛋黄2个,熟竹笋45克,生姜15克,葱结、水发香菇各少许,高汤适量

◉ 调料

盐4克,料酒3毫升,鸡粉、味精、香醋、水淀粉、食用油各适量

◉ 做法

01 将宰杀洗净的鳜鱼切去头、剔除脊骨;竹笋、香菇、生姜、葱洗净,切丝。

02 鱼肉放入垫有葱结的盘中,加料酒、盐,放入蒸锅蒸5分钟至熟。取出,去鱼皮,鱼肉压成泥。

03 锅中倒入水烧开,放入竹笋丝、盐,再放入香菇丝,焯煮片刻至熟,捞出。

04 用油起锅,放入姜丝、竹笋、香菇、料酒,炒匀;倒入高汤、清水,加入盐、鸡粉、味精调味;倒入鱼肉泥,煮约1分钟。

05 转小火,加水淀粉调匀;转大火,倒入蛋黄搅匀;撒入葱丝,再淋入香醋,搅匀即可。

营养分析 〉鳜鱼含有丰富的蛋白质、脂肪、钙、磷、铁等营养物质,具有补气血、健脾胃等功效。

▶枸杞山药鳝鱼汤

● 材料

净鳝鱼300克，山药200克，姜片、枸杞、
葱花各少许

● 调料

盐3克，鸡粉2克，胡椒粉、料酒、食用
油各适量

● 做法

01.把去皮洗净的山药切开，斜切成段，
再改切成薄片；鳝鱼骨斩成小件，鱼肉
打上花刀，再切成片。

02.锅中注水烧开，淋入少许料酒，放入
鳝鱼肉、鳝鱼骨，拌煮片刻汆去血渍，
捞出沥干水分。

03.用油起锅，放入姜片，爆香；放入
鳝鱼肉和鳝鱼骨，炒匀；加入料酒、清
水、山药片，拌匀。

04.撒上枸杞，煮沸后改用中火煲煮约5
分钟至食材熟透。

05.掠去浮沫，加入盐、鸡粉、胡椒粉、
拌匀即可。

> **营养分析** 〉鳝鱼含有丰富的维生素A、维生素B_1、维生素B_2、烟酸等成分，可以增强
> 视力，还能促进发育、强壮骨骼。

▶ 红枣乌鸡甲鱼汤

⦿ 材料

甲鱼1只，乌鸡500克，猪瘦肉丁50克，党参5克，红枣6克，枸杞3克，姜片8克

⦿ 调料

盐、鸡粉、料酒、味精、食用油各适量

⦿ 做法

01. 将甲鱼宰杀洗净，切去爪尖，改刀斩块。

02. 锅中倒入清水烧开，倒入甲鱼块，氽至断生后捞出。

03. 倒入乌鸡块，煮沸后捞去浮沫，氽至断生后捞出。

04. 用油起锅，放入姜片，煸香；倒入甲鱼块，翻炒；淋入料酒，倒入猪瘦肉丁，注入清水没过食材，加盖煮沸。

05. 揭盖，放入党参、红枣、枸杞，加入鸡粉、盐、味精，拌匀调味。

06. 取砂煲，倒入乌鸡、甲鱼和汤汁，放入甲鱼壳，加盖，小火慢炖60分钟即可。

营养分析〉乌鸡富含蛋白质、B族维生素及多种氨基酸和微量元素，能帮助强筋健骨、延缓衰老。

▶淮山陈皮甲鱼汤

材料

甲鱼肉350克，淮山30克，枸杞10克，陈皮5克，姜片少许

调料

盐3克，鸡粉2克，胡椒粉少许，料酒15毫升

做法

01.甲鱼肉洗净，斩小块；淮山去皮洗净，切片。

02.锅中加适量清水烧热，放入甲鱼肉煮沸，淋入少许料酒，掠去浮沫，捞出备用。

03.砂锅中加适量清水烧开，放入陈皮、淮山、枸杞、甲鱼肉、姜片，搅匀。

04.淋入料酒，煮沸后改小火煮约40分钟至食材熟透。

05.加入盐、鸡粉，撒上胡椒粉，拌煮入味即成。

> **营养分析** 甲鱼富含动物胶、铜、维生素D等成分，具有清热养阴、平肝熄风、软坚散结等作用。

▶ 枸杞茯苓甲鱼汤

⦿ 材料

甲鱼肉300克，茯苓15克，枸杞、黄芪各8克，陈皮4克，姜片少许

⦿ 调料

盐、鸡粉各2克，胡椒粉少许，料酒8毫升

⦿ 做法

01. 将甲鱼肉洗净，斩小块。

02. 锅中加适量清水烧热，倒入甲鱼肉，煮沸后掠去浮沫，捞出备用。

03. 砂锅中注入适量清水烧开，放入姜片、茯苓、黄芪、陈皮、枸杞。

04. 倒入甲鱼肉，淋入料酒，加盖煮沸，改用小火续煮约40分钟至食材熟透。

05. 揭盖，放入盐、鸡粉，撒上胡椒粉，煮至入味即成。

营养分析〉茯苓含有脂肪酸、卵磷脂、蛋白酶以及钾、钙、镁、磷、铁等矿物质，具有渗湿利水、健脾和胃、宁心安神、降血压等功效。

▶ 高汤河鳗

材料

河鳗150克，大蒜、姜片、葱结各少许，高汤适量

调料

盐3克，料酒3毫升，食用油适量

做法

01. 锅中注水烧热，放入河鳗，氽烫片刻；捞出河鳗，刮去表面黏液，掏去内脏，切等长小段，不要切断鱼脊骨。

02. 锅中注油烧热，放入大蒜炸片刻，捞出备用。

03. 将河鳗、姜片、大蒜、葱结放入蒸碗中。

04. 锅中倒入适量高汤，加入盐、料酒煮开；将汤汁倒入蒸碗中，用保鲜膜包裹后放入蒸锅中。

05. 加盖，蒸30分钟。揭盖，将蒸碗取出，除去保鲜膜即可。

营养分析 〉 河鳗富含磷脂，对人体组织器官的生长发育、神经系统功能的维持具有很好的作用。

▶ 豆腐鱼片汤

● 材料

净草鱼400克，豆腐300克，葱花、姜片、香菜段、淡奶各适量

● 调料

盐、味精、鸡粉、胡椒粉、水淀粉、食用油各适量

● 做法

01. 豆腐洗净，切小方块。

02. 草鱼肉斜切成薄片，装碗，加盐、味精抓匀，淋入水淀粉抓匀，腌制片刻至入味。

03. 锅中注水烧开，放入豆腐，注入少许食用油，放入姜片，加盐、鸡粉调味。

04. 倒入适量淡奶，放入鱼肉片，拌煮至熟。

05. 撒上胡椒粉，将汤料盛出装碗，撒上香菜段、葱花即成。

> **营养分析**〉草鱼富含不饱和脂肪酸，能促进血液循环。草鱼还含有蛋白质，易吸收，起到开胃、滋补的作用。

▶ 金针菇鱼片汤

● 材料

金针菇100克，草鱼肉200克，姜片、葱花
各少许

● 调料

盐5克，鸡粉4克，胡椒粉1克，料酒7毫
升，水淀粉4毫升，食用油适量

● 做法

01.将金针菇洗净，切去老茎。

02.将草鱼肉用斜刀切成片，装碗，放入
盐、鸡粉、料酒，拌匀；加入水淀粉拌
匀，再淋入食用油，腌制5分钟。

03.用油起锅，放入姜片，爆香；放入金
针菇，炒匀；淋入料酒，炒香。

04.倒入适量清水，加入盐、鸡粉、胡椒
粉，煮沸。

05.放入鱼片，拌煮约1分钟至熟，撒上
葱花即成。

营养分析〉金针菇能有效增强机体的生物活性，促进体内的新陈代谢，有利于食物
中各种营养素的吸收和利用，对生长发育大有益处。

苋菜鱼片汤

材料

苋菜100克，草鱼肉120克，姜片少许

调料

盐4克，鸡粉3克，胡椒粉2克，水淀粉4毫升，食用油适量

做法

01. 将洗净的草鱼肉斜刀切成片，装入碗中，加入适量盐、鸡粉、胡椒粉、水淀粉拌匀，倒入少许食用油，腌制10分钟。

02. 锅中注水烧开，加入食用油、姜片，拌匀略煮。

03. 加入盐、鸡粉、胡椒粉、苋菜，拌煮1分钟至八成熟。

04. 倒入鱼片拌匀，用中火煮沸。

05. 撇去汤中浮沫，盛入汤碗中即可。

营养分析〉草鱼含有丰富的硒元素，经常食用有抗衰老、养颜的作用。

豆腐香菇鱼头汤

材料

鳙鱼头600克，豆腐400克，冬笋片35克，姜片20克，蒜苗段25克，水发香菇片少许，高汤适量

调料

盐、白糖各3克，料酒5毫升，生抽、胡椒粉、熟猪油、食用油各适量

做法

01.把鱼头斩成相连的两半，两面打上一字花刀；豆腐洗净，切片。

02.锅中注入清水烧开，放入豆腐片、冬笋片、香菇片，焯煮去除酸味和杂质，捞出。

03.锅中注油烧至七成热，放入鱼头煎至焦香，将鱼头翻面煎片刻后放入姜片，续煎至鱼头呈焦黄色，加料酒、高汤煮沸。

04.将锅中汤料倒入砂煲中，煮开后改小火再炖25分钟至汤汁呈奶白色。

05.捞去浮沫，加入盐、白糖，豆腐片、冬笋片、香菇片，加盖煮至沸。揭盖，加入蒜苗段、生抽、蒜苗叶、熟猪油、胡椒粉，拌煮入味即成。

> **营养分析** 鱼头营养价值高、口味好，对降低血脂、健脑及延缓衰老有一定作用，但不宜过多食用。

▶ 天麻枸杞鱼头汤

材料

鳙鱼头450克，姜片50克，天麻5克，枸杞2克

调料

盐、鸡粉各适量

做法

01. 锅中注油烧热，放入姜片，爆香。

02. 放入洗净并切开的鱼头，煎至焦黄，盛盘备用。

03. 砂煲中倒入开水，放入天麻、姜片和鱼头，加入少许盐。

04. 用大火煲开，加入少许鸡粉，盖上锅盖，转中火再炖8分钟。

05. 揭开锅盖，放入枸杞，继续用中火炖煮片刻即成。

> **营养分析**〉天麻富含蛋白质、氨基酸、碳水化合物、糖类、铁等营养物质，具有增强记忆力、保护视力、延年益寿等功效。

西红柿鱼丸汤

材料

西红柿120克，鱼丸170克，姜片、葱花各
适量

调料

盐、鸡粉各2克，芝麻油3毫升，食用油
适量

做法

01. 将洗净的西红柿切成块。
02. 锅中注水烧开，倒入适量食用油，放入盐、鸡粉、鱼丸，略煮后放入姜片，拌煮至沸腾。
03. 加入西红柿块，煮约3分钟至食材熟透。
04. 淋入适量芝麻油，拌匀。
05. 把煮好的汤料盛入汤碗中，放入葱花即可。

> **营养分析** 鱼丸是以各种鱼肉和猪瘦肉或虾肉混合成馅，加淀粉拌匀制成的丸状食物，含有蛋白质、微量元素等营养物质，具有补脾益胃、利水通淋、清热解毒等功效。

▶ 苋菜鱼丸汤

● 材料

鱼丸150克，苋菜100克，姜片少许

● 调料

盐、鸡粉各3克，芝麻油3毫升，胡椒粉、食用油各适量

● 做法

01. 鱼丸切上网格花刀，切成两半。

02. 锅中倒入适量食用油烧热，放入姜片爆香，倒入800毫升清水，烧开后倒入鱼丸。

03. 加盖，烧开后再煮1分钟至鱼丸煮开花。

04. 揭开锅盖，放入盐、鸡粉、胡椒粉调味，放入洗好的苋菜，拌煮1分30秒至熟。

05. 淋入适量芝麻油，拌匀即可。

营养分析〉苋菜富含易被人体吸收的铁和钙，而且不含草酸，具有清热解毒、消除咽喉红肿等作用。

马蹄百合鱼骨汤

● 材料

鱼骨400克，马蹄肉80克，无花果30克，百合20克，姜片10克

● 调料

盐3克，鸡粉2克，料酒5毫升，胡椒粉少许，食用油适量

● 做法

01. 将马蹄去皮洗净，切成小块；把鱼骨洗净，斩成块。

02. 锅中注油烧热，下入姜片爆香，倒入鱼骨煎约1分钟至出焦香味；鱼骨翻面，续煎至焦黄色。

03. 砂锅中注水烧开，加入百合、无花果、马蹄，大火煮15分钟；倒入鱼骨、料酒，盖上盖，转小火再煮15分钟至食材熟透。

04. 揭盖，加入盐、鸡粉，拌匀煮1分钟至入味。

05. 撒上少许胡椒粉，拌匀，盛入碗中即可。

营养分析 〉无花果含有丰富的氨基酸、维生素、矿物质等营养成分，能增强胃肠消化功能；还富含钾元素，有助于调节血压平衡。

▶ 白菜鱼骨汤

● 材料

鱼骨300克，大白菜200克，姜片、葱花各少许

● 调料

盐3克，鸡粉2克，料酒、胡椒粉、食用油各适量

● 做法

01. 洗净的大白菜去心，切段；洗好的鱼骨切段，装盘备用。

02. 用油起锅，倒入姜片，爆香；倒入鱼骨，煎至焦香；加少许料酒，炒匀。

03. 注入适量清水，加盖，中火焖约5分钟至汤汁呈奶白色。

04. 揭盖，倒入大白菜，拌煮至熟；加入盐、鸡粉、胡椒粉，小火略煮片刻至入味。

05. 将煮好的汤盛入碗中，撒上葱花即可。

营养分析 〉鱼骨含有丰富的钙质和微量元素，经常食用可以预防骨质疏松。

冬笋鱿鱼汤

材料

鱿鱼150克，冬笋150克，胡萝卜80克，姜片、葱花各少许

调料

盐、鸡粉各3克，胡椒粉少许，水淀粉4毫升，料酒9毫升，食用油适量

做法

01.冬笋、胡萝卜均洗净，切片；洗好的鱿鱼内侧打上网格花刀，改切片；鱿鱼须切开。

02.鱿鱼装入碗中，加盐、料酒、鸡粉、胡椒粉、水淀粉，拌匀腌制5分钟至入味。

03.锅中注水烧开，放入笋片煮半分钟，下入胡萝卜片煮片刻，捞出。

04.锅中注油烧热，下入姜片，爆香；倒入鱿鱼，炒匀；淋入料酒，炒香。

05.加入适量水，倒入冬笋片、胡萝卜片，烧开后转小火煮5分钟至熟。

06.加入适量盐、鸡粉调味，放入葱花，拌匀即可。

营养分析〉鱿鱼富含不饱和脂肪酸、牛磺酸，可有效减少血管壁内所累积的胆固醇。

▶ 海底椰鱿鱼汤

材料

鱿鱼肉120克，海底椰30克，姜丝、葱花各少许

调料

盐、鸡粉各4克，胡椒粉、水淀粉、食用油各适量

做法

01.鱿鱼洗净后打上花刀，切成片，装碗，加入少许盐、鸡粉、水淀粉，拌至入味，加少许食用油腌制10分钟。

02.砂锅加适量清水烧开，放入洗净的海底椰，盖上盖，煮沸后用小火煮约15分钟至海底椰散发出清香味。

03.揭盖，撒上姜丝，加入盐、鸡粉，淋入少许食用油，倒入鱿鱼片，拌匀用大火煮至鱿鱼片卷起。

04.撒上胡椒粉，拌煮至食材入味。

05.汤料盛入碗中，撒上葱花即成。

营养分析 〉鱿鱼含有丰富的钙、磷、铁等营养元素，对骨骼发育和造血十分有益，可预防贫血。

▶ 猪骨墨鱼汤

⬤ 材料

墨鱼干50克，猪骨500克，姜片10克

⬤ 调料

盐3克，鸡粉2克，胡椒粉少许，料酒5毫升

⬤ 做法

01. 墨鱼干泡发，洗净；猪骨洗净，斩成小块。

02. 锅中注水烧开，倒入猪骨，拌煮氽去血水，捞出。

03. 砂锅注水烧开，倒入猪骨，放入姜片、墨鱼，淋入适量料酒。

04. 加盖，煮沸后转小火煮60分钟至食材熟软。

05. 加入适量盐、鸡粉，撒入胡椒粉，拌匀调味即可。

营养分析 〉墨鱼含有蛋白质、碳水化合物、多种维生素和钙、磷、铁等矿物质，具有壮阳健身、益血补肾、健胃理气、安胎、利产、催乳等功效。

▶ 杏仁墨鱼猪肚汤

● 材料

水发墨鱼200克,猪肚100克,杏仁、姜片、葱花各少许

● 调料

盐3克,鸡粉2克,胡椒粉、料酒各少许

● 做法

01. 把洗净的猪肚切开,改切成小块。

02. 锅中注入适量清水烧开,倒入猪肚,拌煮约1分钟去除异味,捞出沥干水分。

03. 砂煲中倒入适量清水烧开,下入姜片和洗净的杏仁,再放入洗净的墨鱼和猪肚。

04. 淋上少许料酒,煮沸后用中小火煲煮约40分钟至食材熟软。

05. 加入盐、鸡粉、胡椒粉,拌匀调味,撒上葱花即成。

营养分析〉墨鱼是一种高蛋白、低脂肪的滋补佳品,也是女性塑造体形和保养肌肤的理想食品。

▶八爪鱼猪肚汤

● 材料

八爪鱼300克，熟猪肚200克，姜片、枸杞各5克，葱花少许

● 调料

盐3克，鸡粉2克，料酒10毫升，胡椒粉、食用油各适量

● 做法

01. 八爪鱼处理干净，切小块；猪肚洗净，切成条。

02. 锅中倒入适量清水烧开，放入八爪鱼，加入少许料酒，煮约1分钟，捞出备用。

03. 锅中注油烧热，放入姜片，爆香；放入八爪鱼，翻炒；放入猪肚，炒匀；淋入料酒，炒香。

04. 锅中倒入适量清水，盖上盖，烧开后改用小火煮15分钟。

05. 揭盖，加盐、鸡粉、枸杞、胡椒粉，撒上葱花，拌匀即可。

营养分析 〉八爪鱼富含蛋白质、脂肪、碳水化合物以及多种微量元素和维生素，具有补肾壮阳、补气养血等功效。

▶ 香菜带鱼汤

⦿ 材料

带鱼块300克，香菜段25克，姜片适量

⦿ 调料

盐3克，鸡粉2克，料酒5毫升，食用油
适量

⦿ 做法

01. 锅中注油烧热，下入姜片，爆香。

02. 放入带鱼块，用中火煎1分钟；将带
鱼翻面，继续煎1分钟至其呈金黄色。

03. 倒入适量清水，加盖，烧开后转小火
煮20分钟。

04. 揭盖，捞去浮沫，淋入适量料酒，拌
煮片刻。

05. 加入盐、鸡粉，拌匀至入味。

06. 放入香菜段，略煮，把煮好的汤料盛
入汤碗中即可。

营养分析 ⟩ 带鱼含有丰富的镁元素，对心血管系统有很好的保护作用，具有养肝补
血、泽肤养发等功效。

西红柿萝卜带鱼汤

● 材料

鲜带鱼350克，西红柿150克，白萝卜180克，姜片、葱花各少许

● 调料

盐、鸡粉各5克，胡椒粉3克，料酒15毫升，芝麻油、食用油各适量

● 做法

01. 西红柿洗净，切成小瓣；白萝卜洗净去皮，切薄片。

02. 带鱼洗净切小块，装碗，撒上少许盐、鸡粉，淋入少许料酒，搅拌入味，腌制15分钟。

03. 用油起锅，下入姜片，爆香；放入鱼块煎出焦香味，翻动鱼块煎至两面断生；加入料酒、适量清水，大火煮沸。

04. 倒入西红柿、萝卜片，加入盐、鸡粉，拌匀，小火煮至入味。

05. 撒上胡椒粉，淋入少许芝麻油，撒上葱花即可。

营养分析〉带鱼含有蛋白质、脂肪、多种维生素以及钙、磷、铁、碘等营养成分，具有补益脾胃、养肝护肾等作用。

▶ 枸杞苦瓜银鱼汤

● 材料

苦瓜300克，水发银鱼150克，枸杞、姜丝各少许

● 调料

盐5克，鸡粉2克，胡椒粉3克，食用油少许

● 做法

01. 洗净的苦瓜对半切开，去瓤，斜刀切成薄片。

02. 苦瓜片放入碗中，加入少许盐、清水，拌匀，再洗净沥干备用。

03. 用油起锅，放入姜丝，煸炒香；倒入洗净的银鱼，炒匀；加入苦瓜，炒至断生。

04. 注入适量清水，放入枸杞，盖上盖，煮沸后用中火煮约3分钟至食材熟透。

05. 揭盖，掠去浮沫，加入盐、鸡粉、胡椒粉，拌匀调味即成。

营养分析 银鱼富含蛋白质、脂肪、钙、磷、铁、维生素和烟酸等营养成分，适宜体质虚弱、消化不良、脾胃虚弱等症者食用。

丝瓜虾丸汤

● 材料

虾丸200克，丝瓜70克，姜丝10克，胡萝卜片少许、高汤适量

● 调料

盐3克，胡椒粉、鸡粉、白糖、料酒、芝麻油各适量

● 做法

01. 丝瓜去皮洗净，切长条再改切成小块。

02. 锅中加入适量高汤烧热，放入虾丸和姜丝，用大火煮约2分钟。

03. 加入盐、鸡粉、白糖、料酒，拌匀调味。

04. 倒入丝瓜、胡萝卜片，撒上少许胡椒粉，拌匀。

05. 淋上少许芝麻油，拌煮约1分钟至食材熟透即成。

营养分析 〉虾丸富含蛋白质、钙、磷、铁等多种矿物质，容易消化吸收，有增强免疫力等作用。

▶ 雪菜鲜虾汤

● 材料

虾仁40克，雪菜180克，葱花少许

● 调料

盐、鸡粉各3克，水淀粉、芝麻油、食用油各适量

● 做法

01. 将洗净的虾仁切成两片，装入碗中，加入少许盐、鸡粉、水淀粉抓匀，腌制5分钟。

02. 锅中注水烧开，加入少许食用油，放入雪菜、盐、鸡粉。

03. 放入虾仁，拌煮至沸；淋入少许芝麻油，拌匀。

04. 将煮好的汤盛入碗中，再撒上少许葱花即成。

营养分析〉 雪菜富含脂肪、蛋白质、纤维素以及多种氨基酸，具有清热解毒、健脾开胃、补中益气等功效。

豆腐虾仁汤

材料

虾仁60克，豆腐200克，姜丝、葱花各少许

调料

盐4克，鸡粉3克，胡椒粉少许，水淀粉3毫升，芝麻油2毫升，食用油适量

做法

01.豆腐洗净，切成方块；洗好的虾仁对半切开，去除沙线。

02.虾仁倒入碗中，加入少许盐、鸡粉、胡椒粉、水淀粉拌匀，倒入适量食用油，腌制5分钟至入味。

03.锅中注水烧开，放入适量食用油、盐、鸡粉、姜丝、豆腐，煮约1分30秒至熟。

04.倒入虾仁，拌匀，再煮1分钟至虾仁熟透。

05.加入芝麻油、葱花，拌匀即可。

营养分析〉虾仁含有丰富的蛋白质、钾、碘、镁、维生素A等成分，尤其适合身体虚弱以及病后需要调养的人食用。

▶ 山药花蟹汤

● 材料

山药300克，花蟹2只，姜片、葱花各少许

● 调料

盐3克，鸡粉2克，胡椒粉、芝麻油、食用油各适量

● 做法

01.将山药去皮洗净，切成片；花蟹切开去鳃，再切成小块。

02.锅中注水烧开，放入姜片，倒入少许食用油、山药，拌匀煮沸。

03.放入花蟹，拌匀；盖上盖，用中火煮3分钟至食材熟透。

04.揭开盖，加入适量盐、鸡粉、胡椒粉、芝麻油，拌匀调味。

05.把煮好的汤料盛入汤碗中，撒上少许葱花即可。

> **营养分析** 〉花蟹具有清热解毒、补骨添髓、养筋活血等功效；山药具有健脾补肺、益胃补肾、固肾益精等功效。两者同食，可起到互补的作用。

冬瓜花蟹汤

材料

花蟹2只，冬瓜400克，姜片、葱花各少许

调料

盐3克，鸡粉2克，胡椒粉1克，食用油适量

做法

01.洗净的冬瓜去皮、去籽，切成片；将花蟹切开，去掉鳃，改切成小块。

02.锅中注入清水烧开，倒入食用油、冬瓜片、花蟹、姜片，搅拌匀。

03.盖上盖子，烧开后转中火煮约10分钟至食材熟透。

04.揭盖，加入盐、鸡粉、胡椒粉，拌匀调味。

05.把煮好的汤料盛出，撒上少许葱花即可。

营养分析〉花蟹含有人体所需的优质蛋白质、维生素、钙、铁等营养元素，具有通脉滋阴、补肝肾、生精髓、壮筋骨之功效。

▶ 豆腐蛤蜊汤

● 材料

蛤蜊350克，豆腐150克，姜丝、葱花各
少许

● 调料

盐、鸡粉各2克，胡椒粉少许，淡奶5毫
升，食用油适量

● 做法

01.洗净的豆腐切成小方块。

02.锅中注水烧开，放入洗净的蛤蜊，煮
约3分钟至壳打开，捞出后用清水洗净。

03.锅中注水烧开，淋入适量食用油，
放入姜丝、豆腐、蛤蜊，拌匀，用大火
煮沸。

04.加入盐、鸡粉、胡椒粉，拌匀调味。

05.倒入适量淡奶，搅匀，盛入汤碗中，
撒上葱花即可。

营养分析 〉蛤蜊含有多种矿物质，可滋阴润燥。

菌菇蛤蜊汤

材料

蛤蜊250克，白玉菇150克，鲜香菇25克，葱花、姜片各少许

调料

盐3克，鸡粉2克，胡椒粉适量

做法

01.将洗净的白玉菇切去根部，改切成段；洗好的香菇切小块；蛤蜊洗净，切开。

02.锅中注入适量清水烧开，放入姜片，倒入蛤蜊、白玉菇、香菇，拌匀，用大火煮沸。

03.加入适量盐、鸡粉、胡椒粉，拌匀调味。

04.将煮好的汤盛入碗中，撒上少许葱花即成。

营养分析 〉小白菜富含维生素、蛋白质以及钙、铁、磷等矿物质，具有清肝、解热除烦、预防骨质疏松等功效。

▶ 苦瓜花甲汤

材料

花甲600克，苦瓜250克，姜片、葱白各少许

调料

盐、味精、鸡粉各3克，食用油、胡椒粉、淡奶各适量

做法

01. 洗净的苦瓜切开，去瓤籽，切成丁。
02. 锅中注水烧开，倒入花甲拌匀，壳煮开后捞出，清洗干净。
03. 用油起锅，放入姜片、葱白，爆香；倒入花甲，炒匀。
04. 加约800毫升清水，加盖，煮约1分钟至沸腾。
05. 揭盖，倒入苦瓜，煮约1分钟，加入盐、味精、鸡粉、胡椒粉，拌匀调味。
06. 加入适量淡奶，煮片刻即可。

营养分析〉花甲是低热量、高蛋白的海产品，富含蛋白质、多种维生素及矿物质，具有滋阴润燥、利尿消肿、软坚散结等功效。

▶ 白菜粉丝牡蛎汤

🍲 材料

大白菜180克，水发粉丝200克，牡蛎肉150克，姜丝、葱花各少许

🍲 调料

盐3克，鸡粉2克，胡椒粉、料酒、食用油各适量

🍲 做法

01. 将洗净的大白菜切成丝，洗好的粉丝切成段。

02. 锅中注水烧开，倒入适量食用油，放入姜丝，淋上少许料酒，倒入牡蛎肉、大白菜，拌匀。

03. 加盖，烧开后用中火煮3分钟至食材熟透。

04. 揭盖，放入盐、鸡粉、胡椒粉，拌匀调味。

05. 倒入粉丝，用大火煮沸。

06. 把煮好的汤料盛入碗中，再撒上少许葱花即可。

营养分析 〉牡蛎富含蛋白质、脂肪、氨基酸、维生素和锌、铁、钙等矿物质，具有平肝潜阳、软坚散结、养心安神、滋阴养血等功效

▶ 白玉菇豆腐扇贝汤

● 材料

扇贝300克，白玉菇100克，豆腐150克，姜片、葱花各少许

● 调料

盐3克，鸡粉2克，料酒4毫升，胡椒粉1克，芝麻油2毫升，食用油适量

● 做法

01.洗好的豆腐切成长条，改切小块；洗净的白玉菇切去老茎，切成段；扇贝打开，去除内脏和污物，清洗干净。

02.锅中注入清水烧开，倒入豆腐煮约1分钟，捞出。

03.另起锅注水烧开，放入姜丝、食用油、扇贝、白玉菇，拌匀；加入豆腐、盐、鸡粉、料酒，加盖，烧开后转小火煮5分钟至食材熟透。

04.揭盖，撒入胡椒粉，淋入芝麻油，拌匀。

05.煮好的汤料盛出，再撒上葱花即成。

营养分析〉扇贝含有丰富的蛋白质、脂肪、维生素A、矿物质等营养成分，有平肝、清热、滋阴补肾等功效。

节瓜扇贝汤

材料

节瓜100克，扇贝350克，姜丝、葱花各少许

调料

料酒4毫升，盐3克，鸡粉2克，胡椒粉1克，芝麻油2毫升，食用油适量

做法

01.将洗净的节瓜去皮，切成片；将扇贝掰开，去除内脏和杂质，洗净备用。

02.锅中注水烧开，加入少许食用油、姜丝，倒入节瓜、扇贝，搅拌匀。

03.淋入少许料酒，盖上盖，烧开后转中火煮2分钟至食材熟透。

04.揭盖，加入盐、鸡粉、胡椒粉、芝麻油，拌匀调味。

05.将煮好的汤料盛入碗中，撒上葱花即可。

营养分析 〉节瓜含有碳水化合物、蛋白质、多种维生素、钙、铁等营养物质，有生津、止渴、解暑湿、健脾胃、通利大小便等作用。

▶ 菠菜鸡蛋干贝汤

● 材料

菠菜200克，鸡蛋1个，水发干贝30克，姜片少许，牛奶适量

● 调料

盐、味精、料酒各适量

● 做法

01. 将蛋清打入碗中。

02. 锅中注油烧热，放入姜片，爆香；倒入处理好的干贝，炒匀。

03. 加入料酒，倒入适量清水，加盖煮沸。

04. 揭盖，加入盐、味精，拌匀调味；放入洗净的菠菜，煮沸。

05. 倒入牛奶煮沸，加入蛋清调匀，略煮片刻即可。

营养分析 菠菜含有碳水化合物、蛋白质、脂肪、膳食纤维、胡萝卜素、钾、钠、钙、磷、铣、镁等营养元素，有润燥滑肠、清热除烦、洁肤抗老等功效。

▶ 冬瓜竹荪干贝汤

🔸 材料

水发竹荪20克，冬瓜200克，水发干贝15克，姜片、葱花各少许

🔸 调料

盐3克，味精1克，鸡粉2克，料酒、胡椒粉、食用油各适量

🔸 做法

01. 将去皮洗净的冬瓜切成片，洗净的竹荪切段。

02. 锅中注油烧热，倒入姜片，爆香；放入洗好的干贝，炒香；倒入冬瓜片，炒匀。

03. 加入料酒和适量清水，煮约3分钟。

04. 放入竹荪，煮约1分钟；加入盐、鸡粉、味精、胡椒粉，用小火慢煮至入味。

05. 将汤料盛入碗中，撒上葱花即可。

营养分析 〉 干贝富含蛋白质、碳水化合物、核黄素、钙、铁、磷等多种营养物质，具有滋阴补肾、温胃养胃等作用。

冬笋鱿鱼汤

材料

冬笋120克，净鱿鱼180克，姜丝少许，虾米、油菜各适量

调料

盐3克，鸡粉、料酒、胡椒粉、芝麻油各适量

做法

01. 鱿鱼剥去外皮，打上十字花刀，切成片；洗净的冬笋切成片。

02. 锅中倒入适量清水，放入姜丝、笋片、虾米，搅匀烧开。

03. 倒入鱿鱼片，加入盐、鸡粉，拌匀略煮。

04. 淋入少许料酒，放入洗净的油菜拌匀。

05. 加少许胡椒粉，淋入少许芝麻油，拌匀即可。

营养分析〉冬笋富含蛋白质、氨基酸、维生素、糖类以及钙、铁、磷等矿物质，有清热化痰、益气和胃、治消渴、利水道、帮助消化、去积食、防便秘等功效。

草菇虾米干贝汤

材料

虾米70克，草菇40克，干贝10克，姜丝、葱花各少许

调料

盐2克，鸡粉、胡椒粉各少许，料酒15毫升，食用油适量

做法

01. 草菇洗净，切去根部，再切成小块。

02. 锅中加适量清水烧开，淋入少许料酒，放入草菇，拌煮约1分钟，捞出沥干水分。

03. 用油起锅，下入姜丝，爆香；倒入虾米、干贝、草菇，翻炒匀；淋入料酒，炒匀。

04. 注入适量清水，煮沸后改用中火续煮4分钟至食材熟软。

05. 加入盐、鸡粉、胡椒粉调味，汤料装入碗中，撒上葱花即成。

营养分析〉虾米富含钾、碘、镁、磷、维生素A等营养成分，具有开胃消食、保护血管等作用。

海蜇香菇汤

材料

水发海蜇丝170克，鲜香菇60克，姜片、葱花各少许

调料

盐2克，鸡粉、食用油各少许

做法

01. 海蜇丝洗净，切小段；香菇洗净，切小块。

02. 锅中注入适量清水烧开，加入少许食用油、盐。

03. 放入姜片，撒上鸡粉，倒入海蜇丝、香菇，搅拌匀。

04. 盖上锅盖，煮沸后改中火煮约3分钟至食材熟软。

05. 揭盖，将汤料盛入碗中，撒上葱花即可。

营养分析 〉 海蜇含有丰富的蛋白质、钙、碘及多种维生素，有清热解毒、降压消肿之功效。